Flensburger Studien
Sprache · Literatur · Religion
Band 38

Herausgegeben von
Florian Bruckmann
Elin Fredsted
Janice Jake
Franz Januschek
Fabrizio Mandreoli
Marcello Neri
Markus Pohlmeyer

Franz Januschek / Markus Pohlmeyer (Hgg.)

Modelleisenbahn

Das Transzendenz-Spiel

AISTHESIS VERLAG

Bielefeld 2026

Centro
Studi
Sara
Valesio

Beginnend mit dem Band 31 erscheinen die Flensburger Studien im Aisthesis Verlag. Die Bände 1-30 erschienen im Igel Verlag und werden auch weiterhin von diesem vertrieben.

Bibliografische Information der Deutschen Nationalbibliothek
Die Deutsche Nationalbibliothek verzeichnet diese Publikation in der Deutschen Nationalbibliografie; detaillierte bibliografische Daten sind im Internet über http://dnb.d-nb.de abrufbar.

Oberntorwall 21, D-33602 Bielefeld
E-Mail: info@aisthesis.de
Telefon: +49 521 172604

Lektorat: Hanns-Martin Rüter (Aisthesis Verlag)
Satz: Germano Wallmann, www.geisterwort.de
Druck: docupoint GmbH, Magdeburg

Print ISBN 978-3-8498-2144-9
E-Book (PDF) ISBN 978-3-8498-2145-6
Print ISSN 2943-8608
Online ISSN 2943-8624
www.aisthesis.de

Inhalt

Vorworte zur Reihe

I

Sprache – Literatur – Religion

Menschen können sich verständigen (... oder eben auch nicht). Dafür haben sich unsere enorm komplexen und vielfältigen Sprachen entwickelt und ausdifferenziert. (Das zeichnet sie gegenüber den anderen Lebewesen, auch den intelligenten, aus.) Der Plural ist wichtig: Denn wir können uns mittels unserer jeweiligen Sprachen nicht nur unsere Geschichte und unsere Geschichten erzählen oder fantastische formulieren und über Jahrtausende – zum Beispiel mittels Schrift und Schriften – bewahren, sondern wir erkennen an den Sprachen auch, wer mit uns diese Geschichte/n teilt und wer nicht. Sprache darf dabei durchaus weit verstanden werden, denn wir Menschen verfügen über sehr vielfältige Ausdrucksmittel, die sich nicht einfach in Sprache(n) übersetzen lassen: Musik, bildende Kunst, Darstellung, Film, Schrift, Garten- und Landschaftsbau, Mode, Architektur u. v. m.

Wir sind in der Lage, uns über die sprachlichen Differenzen hinweg zu verständigen; wir können diese Differenzen aber auch als unüberwindlich betrachten. Sprachliche Differenzen sind dabei oft nur Ausdruck unterschiedlicher Perspektiven, Haltungen und Standpunkte. Hinzu kommen unter anderem Probleme der Übersetzung oder mit Ambiguitäten. Verständigung ist mehr als Informationsaustausch, sie beruht auf gegenseitigem Verstehenwollen, auf der (möglichst gewaltfreien) Suche nach einem vernünftigen Konsens. Dieses Suchen nach Verständigung ist gut, aber mühsam – dagegen ist ihre Verweigerung (obwohl aus einer gewissen Freiheit heraus?) uneinsichtig und kann vielleicht sogar abgrundtief böse sein und katastrophal blutig enden.

Sprache, Literatur, Religion: Wir möchten deren inneren Zusammenhang deutlich machen. Es geht um eine nie abzuschließende Arbeit, die wir leisten müssen, wenn wir Menschen (werden und) bleiben wollen. Und: Das bereitet Freude!

Florian Bruckmann (Deutschland)
Elin Fredsted (Dänemark)
Janice Jake (USA)
Franz Januschek (Deutschland)
Fabrizio Mandreoli (Italien)
Marcello Neri (Italien)
Markus Pohlmeyer (Deutschland)

II

Flensburger Studien: Sprache, Literatur und Religion (Language, Literature, and Religion) addresses specific characteristics that make humans distinct, even from other organisms that have social groups and exhibit learned behaviors. Humans have developed a well-articulated, complex communication system with formally recognized means to process and pass on knowledge. Moreover, humans strive to acknowledge the intrinsic value of ethics and moral principles. Such behaviors distinguish humans and their actions, and allow them to develop goals and tell stories. As such, the journal examines three key qualities of the human condition.

Volumes consider literature, language and religion within given thematic domains, such as:

- the significance of words to characterize, motivate and influence behavior and cultural affiliations, including gender, ethnicity and race;
- symbol and metaphor in constructing meaning and (inner) worlds;
- transcending time and space via stories, language, and beliefs, including construction of alternate worlds;
- the hero's journey (in cultural myth, in linguistic self-actualization and in ethical behavior);
- empathy and point of view, as well as principles, promises and lies, in history and in current events; and
- biological and psychological foundations for literature (Literatur), language (Sprache) and religion (Religion).

The reader is invited to sample the contributions and dialog with the authors.

Janice Jake (USA)

Centro Studi Sara Valesio – CSSV

The CSSV is conceived as a cultural nucleus of library collections and archival documentation. At the same time, the Center presents itself as a place for dialogue, cultural formation, research and discussion. Its main referent are literary and philosophical writings, in the broadest sense of the term, and studied in their contact with the concrete experience of well-defined persons; above all, persons who actually move between different cultural, geographical, psychological worlds, concretely experiencing different aspects of such movements: assimilation, migration, expatriation, alternate residences.

Hence, the main theme of the Center: "Writers Between Worlds". The worlds in question are principally, but not exclusively, Italy, Europe and the United States; and the term "writer" is meant (as noted) very broadly: not only poets, novelists, playwrights, philosophers; but also essayists, historians, social researchers, writers of memoirs and letters, translators, screenplay writers, theatre and film directors, journalists and so forth.

This is not an abstract and intellectualistic project, because we constantly underline the relationship between textual worlds and existential experiences. The critical research that grows out of all this is therefore sensitive to the human, social and spiritual themes circulating in all these textualities. The book series "Flensburger Studien zu Literatur und Theologie", with its constructive approach to this kind of textualities, is an important expression of the project carried out in many forms by the CSSV.

Paolo Valesio, Director of the Centro Studi Sara Valesio

Centro Studi Sara Valesio

Centro Studi Sara Valesio – Museo della Città di Bologna srl
Via Manzoni, 2 – 40121 Bologna
tel. 051.19936313 – fax 051.19936300
centrostudisaravalesio@genusbononiae.it

Franz Januschek

Modelleisenbahn. Das Transzendenz-Spiel

Zur Einführung

Die Eisenbahn überschreitet Grenzen, räumliche Grenzen; und das ist ihr Zweck, er-fahrbar. Die Lokomotive überschreitet die Grenzen menschlicher und tierischer Kraftentfaltung. Das ist sichtbar und hörbar: ein Ungetüm. Faszinierend!

Die Modelleisenbahn war (und ist) die Vergegenständlichung dieser Faszination. Gibt es Grenzen für die Beherrschbarkeit der Welt? Ausprobieren! Am Modell lässt sich studieren, wie sie funktioniert – und womöglich funktioniert das Modell sogar besser als das Vorbild? – Transzendenz-Fragen übersetzt in profanes Spiel.

Modelleisenbahnen mögen als Spielzeug beginnen; aber wenn man dabeibleibt, entfalten sie dieses Transzendenz-Potential. Allerdings kann das auch auf Abwege führen: leerlaufende Miniaturisierung oder Nostalgie-Kitsch zum Beispiel. Und zwar unter anderem deshalb, weil der Raum, in dem das Modell unterzubringen ist, in aller Regel eng begrenzt ist, also Trans-Zendez gerade ausschließt.

Die Beiträge dieses Bandes versuchen, der Faszination für die Modelleisenbahn aus verschiedenen Perspektiven auf den Grund zu gehen:[1]

Melina Manthey fragt, ob Eisenbahn-Faszination, anstatt wie früher mit Fortschrittsglauben, heute nicht eher mit Nostalgie verknüpft sei oder ob umgekehrt die Beschäftigung mit Modelleisenbahnen auch zu technischen Impulsen für eine Gesellschaft mit wachsendem Entschleunigungsbedarf führen könnte.

Markus Pohlmeyers Essay reflektiert seine Begeisterung für die monströse US-Dampflok „Big Boy“, die reichlich dinosaurierhafte und überirdische Assoziationen auslöst und deren überschweres

1 Solche, teilweise empirische, Versuche finden sich auch in dem Forschungsprojekt von P. Hörz (Hörz Hg. 2016).

H0-Modell sich nur mittels erheblicher komischer Verrenkungen über einen Modelleisenbahnkreis fahren lässt.

Franz Januschek problematisiert die Dynamik, die aus dem Dilemma resultiert, dass sich die eigentlich begeisternden Merkmale des Systems Eisenbahn prinzipiell nicht im Raum einer Modellbahnanlage nachbauen lassen. Erst wenn man die Anlage als ein System *sui generis* begreife, könne man Eskapismus vermeiden und *spielen* im Sinne von Friedrich Schiller: als „ganz Mensch".

Stefan Fränzle beschreibt die Geschichte der Entwicklung von Fahrzeugmodellen bzw. Modellfahrzeugen. Dabei handle es sich keineswegs bloß um den (ästhetisierenden) Nachbau großer Vorbilder, sondern gerade auch um das Ausprobieren technischer Möglichkeiten, von extrem miniaturisierten Echtdampf-Lokomotiven (5 cm lang) bis hin zu Nano-Vehikeln. Elektrolok-Modelle gab es beispielsweise schon vor großen E-Lokomotiven.

Christian Stolz erklärt die typischen Landschaftsmerkmale von Modellbahnanlagen. Für den Bau der „großen" Eisenbahn war die Überwindung von Bergen, Tälern und Gewässern bekanntlich *das* entscheidende Problem; und eben dies habe sich den bahnbegeisterten Modellbauern eingeprägt. Das aber führe in aller Regel nicht zur Modellierung bestimmter Landschaftsvorbilder, sondern zu mehr oder weniger als typisch empfundenen Fantasielandschaften.

Den Schluss des Bandes bildet ein Dialog zwischen *Helga Andresen* und *Franz Januschek* darüber, ob es angemessen sei, das Konzipieren und Steuern von Modelleisenbahnanlagen als ein kindliches Spiel („großer Jungs") anzusehen. Wie weit lässt sich der Begriff *Spiel* dehnen und welche Missverständnisse können dabei entstehen?

Melina Manthey

Die (Modell-) Eisenbahn als Zeichen des Fortschritts?

Ich erinnere mich noch an den Tag, an dem mein Vater mir stolz seine Modelleisenbahn zeigte. Ich war zu Besuch und er berichtete mir, dass er beim Aufräumen auf seine alte Modelleisenbahn gestoßen sei. Er hat nicht lange gefackelt und direkt auf dem Dachboden ein paar Holzspahnplatten installiert und angefangen, die Schienen darauf zu montieren. Noch befinde sich alles im Rohbau, aber mein Vater teilte mir ganz inspiriert seine Visionen mit. Innerlich musste ich lachen, *oh nein jetzt ist mein Vater auch einer von diesen Eisenbahntypen*, aber nach kurzem Innehalten ist es doch viel mehr die Frage: Was ist es, das so viele Menschen an der Eisenbahn fasziniert, dass selbst Erwachsene sich einem Spielzeug zuwenden?

Das Miniaturwunderland in Hamburg zieht jährlich über eine Million Besucher an und auch kleine Ortsvereine stellen gelegentlich Modelleisenbahnausstellungen auf die Beine. So berichtete Katharina Aurich 2013 in der Süddeutschen Zeitung von einer Ausstellung in Zolling über den *Holledauer Bockerl*. Zu jener Ausstellung kamen 900 Besucher. Die 27 Meter Modelleisenbahnmodule zeigten Szenen aus der Vergangenheit und boten die Möglichkeit die Heimatgeschichte darzustellen und zu erinnern. Doch die eigentlichen Stars waren „die Menschen, die als kleine Miniaturfiguren in Alltagssituationen, zum Beispiel während einer Brotzeit im Hopfengarten, beim Arbeiten auf dem Feld, beim Löschen eines Brandes oder beim Verladen in einer Brennerei zu sehen sind.“[1] Zudem erscheint die Darstellung als Möglichkeit, zum einen Geschichte für die Jugend greifbar zu machen und zum anderen die Generationen zu verbinden. Die Jugendlichen wurden sogar in die Ausstellung integriert, indem einige an der Erbauung eines Windparks auf dem Modell mitwirkten und somit eine Zukunftsperspektive einbanden. (Modell-)Eisenbahn als Bindeglied zwischen den Generationen? (Modell-)Eisenbahn als Zeichen des

1 Aurich, Katharina: Eine Modelleisenbahn erzählt Geschichten. SZ Süddeutsche Zeitung, 03.12.2013.

Fortschritts? Was begeistert die Menschen seit ca. zwei Jahrhundert so sehr an der Bahn?

Die Eisenbahn geht auf den Schienenwagen im Bergbau und die Dampfmaschine zurück. Die erste Dampflok wurde 1804 von Richard Trevithick entwickelt.[2] 1829 beginnt das eigentliche Eisenbahnzeitalter mit der Strecke von Baltimore nach Elliots Mills in Amerika. Am 07. Dezember 1835 folgt die erste deutsche Strecke der Ludwigseisenbahn zwischen Nürnberg und Fürth.[3] 1848 wird das Bahnwesen staatlich und 1924 schließlich an die Deutschen Reichsbahn übertragen und gebündelt.[4]

> Bereits im Lauf der zweiten Hälfte des 19. Jahrhunderts beeinflusste die Eisenbahn die Stadtentwicklung in wirtschaftlicher und architektonischer Hinsicht merklich. Und das sich schnell entwickelnde Eisenbahnsystem unterstützte Mobilität und Migration, die vor 1900 ein nicht gekanntes Ausmaß annahmen.[5]

Seit 1950 etablierte sich das elektrische Netz in Deutschland, die Diesellokomotive erfuhr erst nach dem zweiten Weltkrieg ihren Durchbruch. Seit 1991 eröffneten die ICEs neue Möglichkeiten des schnellen Transfers. Aufgrund der individuellen Zeitplanung und Mobilität stellt allerdings das Auto immer mehr eine Konkurrenz dar. Im März dieses Jahres kamen nur 71% der Fernverkehrszüge der Deutschen Bahn pünktlich an, wobei eine Verspätung erst ab 6 Minuten registriert wird und ausgefallene Züge nicht in die Statistik einbezogen werden. Aufgrund der wachsenden Unzuverlässigkeit entscheiden sich immer mehr Menschen für eine Reise mit dem Auto, und dabei ist ironischer Weise das Sprichwort *pünktlich wie die Deutsche Bahn* international

---

2 Vgl. Seifert, Manfred: Wellenreiter im Alternativformat: Zu Strukturen und Perspektiven der aktuellen Eisenbahnbegeisterung. In: Hörz, Peter F.N. (Hrsg.): Eisenbahn spielen! Populäre Aneignungen und Inszenierungen des Schienentransports in großen und kleinen Maßstäben. Göttingen 2016, S. 213.

3 Vgl. ebd.

4 Vgl. ebd.

5 Ebd.: 214.

bekannt. Doch warum hält sich trotz der jüngsten Enttäuschungen die Faszination für die Bahn aufrecht?

Die Eisenbahn wurde schnell zum Sinnbild der Industrialisierung. Sie eröffnete neue Möglichkeiten der Mobilität und Perspektiven auf Welt und war gleichzeitig Zeichen des Fortschritts.[6] Doch worin genau liegt nun die Faszination? Die ersten Bahnen fuhren lediglich mit einer Geschwindigkeit von ca. 40 km/h. Für die Menschen im 19. Jahrhundert eine unfassbare Geschwindigkeit. Eine Reisekutsche erreichte zum Vergleich nur 10 bis 12 km/h. Es kommt zu einer Zeit-Raum-Kompression (David Harvey). Die Eisenbahn nahm aufgrund der durch sie beförderten „zunehmend[en] global[en] Konnektivität durch [den] technologischen Fortschritt“[7] Einfluss auf die alltägliche Wahrnehmung. Die rasante Expansion des Eisenbahnnetzes stellte eine „tiefgreifende Umwälzung der allgemeinen Raumerfahrung dar“.[8] Diese Stauung von Raum und Zeit wurde nicht direkt von allen so positiv wahrgenommen, wie es heute der Fall ist. So beschreibt Berthold Auerbach:

> Wir spüren etwas davon durch die Eisenbahn. Dieses Zusammenrücken der Welt hat etwas Erdrückendes für den endlichen Geist, für das Metrum, an das wir gewöhnt sind. Man kann das tausendfältige Getriebe der Welt nicht fassen, da fahren Hunderte, ein jeder mit einem Schicksal, einem Zielpunkt auf den Eisenbahnen hin und her.[9]

Hendrik Nolde beschreibt in Bezugnahme auf Auerbachs Geschichten, wie die Eisenbahn zwischen dem Mikrokosmos der einzelnen Dörfer

---

6 Vgl. Rieken, Bernd: Eisenbahn und Modelleisenbahn: Homo faber trifft Homo ludens. In: Hörz, Peter F. N. 6 (Hrsg.): Eisenbahn spielen! Populäre Aneignungen und Inszenierungen des Schienentransports in großen und kleinen Maßstäben. Göttingen 2016, S. 28.

7 Nolde, Hendrik (2022): „Welch ein Wirrsal ist die Welt!“. Die Eisenbahn als Globalisierungsträger in Berthold Auerbachs Schwarzwälder Dorfgeschichten. In: Internationales Archiv für Sozialgeschichte der deutschen Literatur, Bd. 47, H. 2. Berlin/Boston 2022, S. 515.

8 Ebd.: 516.

9 Berthold Auerbach, August 1861, zit. n. ebd.: 515.

und Städte und dem Makrokosmos der weiten Welt vermittelt.[10] Bis ins 18. Jahrhundert hatten sich 80-90 Prozent der Menschen nicht weiter als einen Tag von ihrem Heimatort entfernt. Mit der zunehmenden Geschwindigkeit des Transports beschleunigten sich auch die Lebensverhältnisse. Auch eine neue Form des Sehens etablierte sich. Die Fernstrecken eröffnen einen panoramatischen Blick auf die Landschaft,[11] und eben jenes Panorama fesselt die Leute noch heute.

> Das 19. Jahrhundert kann rückblickend als Zeitalter betrachtet werden, in dem das ‚Ausmaß menschlicher Mobilität sprunghaft' zunahm. Von entscheidender Bedeutung hierfür war der Siegeszug von zwei Technologien, deren weltweite Ausbreitung eng miteinander verknüpft war: Eisenbahn und Telegraf.[12]

Unter anderem die Eisenbahn förderte nachhaltig die globale Vernetzung und prägte das moderne Leben. Sie ist das „ikonisierte Medium des Aufbruchs in ein beschleunigtes Zeitalter".[13]

Ist es ebenjener Fortschrittsgedanke, der auch die Faszination in der Spielwelt erklärt? Bernd Rieken verweist auf die *homo faber* These. Der *homo faber*, also der herstellende Mensch, habe sich im Rahmen der industriellen Revolution herausgebildet. Von der Bezeichnung ließen sich nach Rieken auch die Wörter Fabrik bzw. fabrizieren ableiten.[14] Ihm gegenüber stehe der *homo ludens*, also der spielende Mensch. Das Spielen sei zunächst eine der Grundeigenschaften des Menschen, durch welches neue Sachen entwickelt werden können. Es stellt somit die Grundlage für den *homo faber* dar. Die Modelleisenbahn scheint eben jene Ausprägungen zu vereinen: Durch das Spielen können modellartig Szenarien entworfen und gleichzeitig neue Möglichkeiten für die ‚reale' Welt aufgezeigt werden, wie der Windpark in Zollig. Gleichzeitig wird der *homo faber* gefordert, da allein schon der Aufbau motorisches

---

10 Vgl. ebd.: 517.

11 Vgl. Rieken, Bernd (2016): 29.

12 Nolde, Hendrik (2022): 518.

13 Kellermann, Robin: Im Zwischenraum der beschleunigten Moderne. Eine Bau- und Kulturgeschichte des 13 Wartens auf Eisenbahnen, 1830-1935. Bielefeld 2021, S. 161.

14 Vgl. Rieken, Bernd (2016): 27.

Geschick und technisches Verständnis erfordert. Gleichzeitig können diese Kompetenzen weiter geschult werden.

Beschleunigung ist Symbol und Wert der Moderne geworden, was sich in unterschiedlichen Bereichen des Lebens zeigt, wie dem Fast-Food oder den immer schnelleren Chatoptionen.

> Fortschrittsoptimisten sahen in Einklang mit der Aufklärungsphilosophie darin, dass die tierische durch die mechanische Antriebskraft ersetzt und Schienenwege gebaut wurden, die von der natürlichen Landschaft unabhängig waren, eine Befreiung aus natürlichen Beschränkungen. Damit riefen sie Vorbehalte aus zwei unterschiedlichen sozialen Schichten hervor, zum einen bei der traditionell orientierten Landbevölkerung, zum anderen bei Intellektuellen aus dem Elitendiskurs der literarischen Romantik. Betrachten wir zunächst, wie man früher gesagt hätte, das ›volkstümliche Denken‹. Weit verbreitet waren im Zusammenhang mit der Einführung der Eisenbahn Überlieferungen zum Zweiten Gesicht, da es eine Vielzahl von Berichten gibt, in denen bereits Jahrzehnte vor ihrer Etablierung dampfende und Feuer sprühende Ungetüme gesehen worden seien sollen.[15]

Trotz der ambivalenten Wahrnehmungen ihrer Zeit hat sich die Eisenbahn in unseren kulturellen Alltag assimiliert und ist nicht mehr wegzudenken. Heute gelten allerdings vor allem die Dampflokomotiven als Zeichen der ‚guten alten Zeit'. Dort scheint auch eher die Faszination für die (Modell-)Eisenbahn zu liegen. Das Gefühl der Nostalgie und der gelebten Geschichte spricht vor allem die älteren Generationen an, die hier ihre Erinnerungen neu aufleben lassen können. Aber auch neuere gesellschaftliche Trends neigen zu einem Bedürfnis der Entschleunigung, was zu einer Romantisierung der ‚alten Zeiten' führt. So scheint die Bahn mittlerweile von einem Symbol des Fortschritts zu einer Möglichkeit der Entschleunigung geworden zu sein. Aber dennoch sollte die Möglichkeit nicht von der Hand gewiesen werden, dass vielleicht auch das Sehnen nach einer Zeit des technischen Fortschritts und der Neuerungen die Begeisterung für die Bahn beflügeln. Möglicherweise liegt daher eben in der (Modell-)Eisenbahn

---

15 Ebd.: 34.

erneut die Möglichkeit gesellschaftlichen und technischen Fortschritt anzuregen.

Literatur

Aurich, Katharina: Eine Modelleisenbahn erzählt Geschichten. SZ Süddeutsche Zeitung, 03.12.2013.

Kellermann, Robin: Im Zwischenraum der beschleunigten Moderne. Eine Bau- und Kulturgeschichte des Wartens auf Eisenbahnen, 1830-1935. Bielefeld 2021.

Nolde, Hendrik: „Welch ein Wirrsal ist die Welt!". Die Eisenbahn als Globalisierungsträger in Berthold Auerbachs Schwarzwälder Dorfgeschichten. In: Internationales Archiv für Sozialgeschichte der deutschen Literatur, Bd. 47, H. 2. Berlin/Boston 2022, S. 516-533.

Rieken, Bernd: Eisenbahn und Modelleisenbahn: Homo faber trifft Homo ludens. In: Hörz, Peter F. N. (Hrsg.): Eisenbahn spielen! Populäre Aneignungen und Inszenierungen des Schienentransports in großen und kleinen Maßstäben. Göttingen 2016.

Seifert, Manfred: Wellenreiter im Alternativformat: Zu Strukturen und Perspektiven der aktuellen Eisenbahnbegeisterung. In: Hörz, Peter F. N. (Hrsg.): Eisenbahn spielen! Populäre Aneignungen und Inszenierungen des Schienentransports in großen und kleinen Maßstäben. Göttingen 2016.

Markus Pohlmeyer

Big Boy – Ein Essay

https://de.wikipedia.org/wiki/Datei:UP4023_Big_Boy.jpg

Es gab da gewisse Momente in meinem Leben als Modelleisenbahner: die erste große Startpackung, die erste Platte zur Landschaftsgestaltung, die erste Dreiwegweiche, der erste Kranwagen, das erste „Krokodil" ... und dann das *Non-plus-ultra, worüber nichts Größeres mehr gedacht werden kann*: der „Big Boy". Den ich vor Jahren antiquarisch erstand. In HO von MÄRKLIN: ein Monument, *die* Leonardo da Vinci-Lokomotive in meiner Sammlung. Schwer, richtig schwer: schon das Aufgleisen eine Leistung für sich. Die Gestänge und Fahrwerke: ein Wunder. Und erst in den Kurven! Während die Achsen schon eingebogen sind, scheint der Kessel noch geradeaus weiterzufahren. Eine Lok, die scheinbar nicht aufhört. Nur dieser Vergleich fällt mir dazu ein: Dinosaurier. Wie ein riesiger Sauropode – einige von ihnen waren sogar länger als der Big Boy. Wozu Natur und Mensch doch in der Lage sind. Okay, ich höre schon die Stimmen, das Getuschel und Gemunkel: technische Allmachtsphantasien! Aber ... wir alle sind Kinder des Industriezeitalters; und viele (alle?) von uns profitieren von den globalen Konsumgütertransportströmen mittels Eisenbahnen, LKWs, Flugzeugen und Containerschiffen. Die ungebrochene Faszination für Dampfloks jedoch könnte auch kulturhistorische Gründe haben:

> Mag sie auch eine *technische Revolution* gewesen sein, zudem war und ist sie bis heute ein *ästhetisches Phänomen*, etwas, dessen bloßer Anblick

> berührt und zu denken gibt. Man sollte niemals vergessen, daß nicht die Dampflok die Welt verändert hat, das war ihr technischer Kern, die Dampf*maschine*.[1]

Schauen Sie sich nur eine ICE-Lok an: Das Geheimnis ihrer Stärke bleibt hinter dem aerodynamischen Oberflächendesign verborgen. Und natürlich scheint Strom ökologischer als riesige Rauchschwaden. Diese Art moderner Zug, mag er auch noch so schnell sein, wirkt auf mich, man möge mir verzeihen, einfach nur langweilig und öde. Eine Dampflokomotive dagegen *zeigt* ihre mechanische Funktionalität – da gibt es etwas zu entdecken und zu staunen (*Staunen* übrigens nach Aristoteles der Beginn allen Philosophierens ...):

> Was geschieht, wenn sie fährt, kann jeder verstehen, auch wenn er von Technik nichts versteht: Sie ist heiß, es brennt ein Feuer in ihr. Sie dampft und schwitzt, wenn sie sich anstrengt. Ihr Gewicht scheint sichtbar. Das Spiel der Treib- und Kuppelstangen erinnert an die fliegenden Beine eines Pferdes oder die rudernden Arme eines Läufers. Und die ganze Maschine: es ist, als seien Läufer und Pferd, Kutsche und Kutscher zu einem eisernen Wesen verschmolzen.[2]

Und irgendwie beschreibt die Dichterin Emily Dickinson treffend eine Lokomotive wie ein „Feuerroß“, wie eine Mischung aus antikem Mythos und moderner Technologie – und das alles in einem monumentalen Ringen in monumentaler Landschaft:

> I like to see it lap the Miles –
> And lick the Valleys up –
> And stop to feed itself at Tanks –
> And then – prodigious step
>
> Around a Pile of Mountains –
> And supercilious peer
> In Shanties – by the sides of Roads –
> And then a Quarry pare

1 B. Spinnen: Modelleisenbahn. Kleine Philosophie der Passionen, 2. Aufl., München 1999, 67.

2 Spinnen: Modelleisenbahn (s. Anm. 1) 68.

To fit it's sides
And crawl between
Complaining all the while
In horrid – hooting stanza –
Then chase itself down the Hill –

And neigh like Boanerges[3] –
Then – prompter than a Star
Stop – docile and omnipotent
At it's own stable door –[4]

Ein mechanisches Pferd, das – es trinkt Wasser! – donnert (*Boanerges*) gleich einer Urgewalt durch die Berge. Der Wortschatz dieses (ambig-enigmatischen) Gedichts wird von lateinischen und griechischen Wörtern geprägt; so entsteht eine Aura des Archaischen und auch des Sakralen: *omnipotens* (allmächtig) ist beispielsweise ein gängiges Attribut Gottes.

Die geographischen Herausforderungen des Transportverkehrs auf Schienen führten in den USA zu verschiedenen Experimenten mit gigantischen Lokomotiven;[5] die berühmteste davon war und ist der „Big Boy" – auch aufgrund seines wirkmächtigen Namens, der spannender klingt als die technische Bezeichnung 4-8-8-4. William Kratville hat mit seinem Buch „Big Boy" eine Hommage an diesen Riesen vorgelegt. Viele Passagen klingen geradezu poetisch und hymnisch. Ferner beeindrucken die Zeichnungen, Diagramme und schwarz-weiß-Aufnahmen (gewisse Ähnlichkeiten zu den Werken von HR Giger sind nicht zu übersehen) und ein ca. 87 cm langes Faltbild von dieser Lokomotive. Ein Pin-up? Als ich wieder einmal auf einen Zug warten musste, führte ich in einer Bahnhofsbuchhandlung eine empirische Untersuchung durch: Die Anzahl der Modelleisenbahnzeitschriften übertraf die der Erotik-Zeitschriften um den Faktor 3.

---

3 Eine Anspielung auf die Jünger Jesu? Eine Pferderasse?

4 E. Dickinson: Gedichte, engl./dt., übers. v. G. Kübler, 4. Aufl., Frankfurt a. M. 2022, 122 und 124.

5 Siehe dazu: K.-W. Koch – T. Estler: Eisenbahnerlebnis USA München 2002; M. Stierlen: Amerikanische Eisenbahnen im Modell, Stuttgart 2005; Union Pacific's BIG BOYS. The complete story from history to restauration, Kalmbach Media 2020.

> This is a tribute to a King. [...] Imagine, if You can, a battling steel leviathan weighing over a million pounds, trashing over the mountains day in and year out, its searing firebox eating up coal by the thousands of tons and water evaporating into steam by the millions of gallons while the tonnage moved up to 4200 tons at a time over the mountain passes. That was Big Boy![6]

Stell dir vor, wenn du es kannst. „leviathan" – das ist der biblische Chaos-Drache als metaphorisches Präludium. Auch die Häufung der *ing*-Formen machen diese Beschreibung besonders eindrücklich. Zudem die Zahlangaben – mal hier Tausende von diesem, dann wieder Millionen von jenem – wirken schier unglaublich, ja unglaubwürdig. Und dann der Wechsel zu den Fakten: „Das war Big Boy!" Den gab es wirklich:

> Gemeinhin gilt der ‚große Junge' als die größte je gebaute Dampflok. Angesichts einer Gesamtlänge von 40,47 m, einer Reibungsmasse von 247,3 t, einer Dienstmasse mit Tender von fast 550 t und einer indizierten Leistung von bis zu 5.148 kW (7.000 PS) fällt es schwer, ‚Big Boy' nicht als Rekordhalter anzuerkennen. Tatsächlich gibt es jedoch Maschinen anderer US-Bahngesellschaften, welche ihn hinsichtlich Länge, Zugkraft, Leistung, Rostfläche oder Reibungsmasse noch übertreffen. [...] Der Mythos von der Rekordlok ist also etwas zu differenzieren, als längste in Serie gebaute Lokomotive sowie in der Gesamtheit ihrer Eigenschaften blieb ‚Big Boy' jedoch unübertroffen, gerade hinsichtlich der konstruktiven Höchstgeschwindigkeit von 80 Meilen pro Stunde [...].[7]

Im Vergleich dazu hat ein Blauwal eine Länge von ca. 30 m, Argentinosaurus von 30-40 m, Supersaurus von bis zu 50 und der umstrittene Amphicoelias fragillimus sogar über 60 m. Manche Sauropoden könnten Höhen von über 20 m erreicht haben. Und der Urzeitwal Percutus colossus wird auf bis zu (diskussionswürdige) 340 Tonnen geschätzt. Auch die weiteren technischen Angaben dieser Lok sind mehr als beeindruckend: „Insgesamt 25 Exemplare wurden in den Jahren 1941

---

6 W. W. Kratville: Big Boy, Kratville Publications Omaha 1972, 7.

7 O. Haensch: Schweres am Sherman Hill. Die UP-Klasse 4000, in: Eisenbahn Kurier-Aspekt 46, Nordamerika (10) 2025, 6-20, hier 13.

und 1944 gebaut. [...] Um nicht ständig anhalten zu müssen, bekamen die 4000er einen siebenachsigen Tender mit auf die Reise, der fast 100.000 Liter Wasser und 30 Tonnen Kohle fasste."[8] Was für Futter- und Wassermassen haben wohl die Sauropoden verspachteln müssen?

Die Eisenbahn war unerlässlich für die Erschließung sowohl kleiner als auch großer geographischer Räume. Ein Beispiel aus norddeutscher Perspektive:

> Dat mit de Tiet uk in Amerika Dörper entstahen sind, dor hett de Iesenbahn en grote Andeel an. Dat keem so: Von de 1850er Johren an wurn de Iesenbahnlinien vun Oosten her immer wieder över de Mississippi na Iowa rin un wieder na Westen to buut. Denn immer mehr Inwannerers kemen [...].[9]

So sind auch in der Western-Comicserie „Lucky Luke" das Verlegen von Schienen durch Prärie und Gebirge, über Flüsse und Täler, das Entstehen neuer Bahnhöfe, Städte und selbstverständlich Zugüberfälle wiederkehrende Motive.

Die dramatische Dialektik ist mir durchaus bewusst: es gab und gibt tragische Zugunfälle; Züge transportier(t)en Soldaten und Kriegsmaterial; Züge fuhren nach Auschwitz. (Auf einer anderen Ebene betrachtet kommen in Deutschland hinzu eine desolate Infrastruktur, mangelnde Pünktlichkeit, administrative Disfunktionalität, politischer Dilettantismus usw.) Gerade diese Dialektik fängt das Gedicht „Auf dem Bahnhof von Memphis" (Digte 1906) des dänischen Literaturnobelpreisträgers Johannes V. Jensen auf. Mit Jensens Gedichtband trete die dänische Lyrik in die Moderne ein, wie mir gegenüber in Gesprächen Elin Fredsted immer wieder betonte:

> [...]
> stehe ich zähneklappernd
> auf dem Bahnhof von Memphis, Tennessee.
> Es regnet.

8 märklin magazin, April/Mai 2024, 35.

9 Dörper in de USA, in A. Jensen: Dit un dat besnackt op Platt, Husum 2013, 106.

Und nun folgt eine existenzialistische Meditation über die Kontingenz des Lebens, das weder Versicherungen, bürgerliches Leben oder Technik einhegen können – auch und gerade im Angesicht von Naturkatastrophen:

> Ah, da kommt der schwere Güterzug,
> auf den wir sechs Stunden lang gewartet haben.
> Er fährt langsam ein – mit zertrümmerten Seiten,
> er pfeift schwach, die Wagen hinken auf drei Rädern
> Und die gesprengten Verdecke triefen von Erde und Schlamm.
> Doch auf dem Tender zwischen den Kohlen
> liegen vier regungslose Gestalten,
> bedeckt von blutnassen Mänteln.[10]

Natürlich können umgekehrt die Möglichkeiten der Eisenbahn humorvoll auch ins Hyperbolische gesteigert werden, wie z. B. bei Jules Vernes *In 80 Tagen um die Welt?* Dampf macht's möglich. Und wenn einmal eine Brücke zusammengestürzt sein sollte: Anlauf nehmen, noch mehr Kohle schippen: „Und das Wagnis gelang. Es ging blitzschnell. Niemand hatte die Brücke überhaupt wahrgenommen. Der Zug war, fast möchte man sagen, von einem zum anderen Ufer gesprungen! [...] Unmittelbar hinter dem durchjagenden Zug aber waren die Trümmer der Brücke mit lautem Getöse in die reißenden Gewässer des Medicine Bow gestürzt."[11] Auf keinen Fall nachzuahmen!

Wolfgang Schivelbusch hat mit seiner „Geschichte der Eisenbahnreise" ein wegweisendes Buch vorgelegt. Im Vorwort der Neuausgabe schlägt der Autor einen interessanten Bogen (in Hinblick auf technische Revolution) zwischen Eisenbahn und Computer:

---

10 Gedicht-Zitate aus J. V. Jensen: „Ich habe deine wilde, unheilbare Sehnsucht gespürt ...". Geschichten, Gedichte und Mythen, übers. v. S. H. Rossel u. M. Wenusch, Wien 2005, 121-124.

11 J. Verne, zitiert nach: Ich schenke dir eine Geschichte. Geschichten vom Reisen auf Schienen, hg. v. d. Verlagsgruppe Bertelsmann u. d. Deut. Bahn, Partner der Stiftung Leben, München 1998, 106. Zur weiteren humoristischen Vertiefung sei empfohlen: Fernandez: Der absolute BAHN SINN, Hamburg 2024.

> Beide sind Versuche, die Welt über die von ihnen erzeugten Erscheinungen nachzubilden und zu reproduzieren. Beide sind erfolgreich. Und sie erreichen ihr Ziel durch ihre *Machinationen*. Ob die Welt, die sie erschaffen, das globale Netzwerk einer dampfgetriebenen industriellen Produktion und Beförderung ist oder die digitalisierte Cyberwelt der Information – es ist *ihre* Weltmaschine. Wenn sie entgleisen oder explodieren, wenn wir sie zerschmettern oder einfach den Stecker ziehen, ist dies das abrupte Ende beider Weltmaschinen.[12]

... und auch das unserer Welt? Dies mag offen bleiben. Konsequent erscheint mir in der Modelleisenbahnproduktion der Abschied von der analogen Lok, um die digitalisierte zu begrüßen. Ob man dabei den Spielgedanken einer Hypermimesis geopfert hat, sei dahingestellt. Weiter: Also erschafft mein guter, alter Modell-Big Boy ein Abbild, das ja sein Vorbild schon längst vom Urbild erschaffen hat? Oh je, damit wären wir wieder in einem platonischen Diskurs. Lokomotiven scheinen mir irgendwie ein *deus ex machina* zu sein – unglaublich, überirdisch in ihren Leistungen, haben sie unsere Welt erschlossen und für immer verändert. (Und wir erschließen uns Welt – noch grundlegender – durch Spiel(en)?) Und diese technischen Wunder sind nie ausgehender Stoff für unsere Träume, die wir Kleinen oder Großen auch bisweilen auf eine Tischplatte, den Fußboden, ins Regal oder oder ... zaubern können. Plötzlich wird so mein ganz kleiner Raum riesengroß. Und als nächster Schritt, man darf träumen, der Big Boy in Spur 1 von Märklin. Zum leichteren Transport von Büchern, Hausarbeiten und Süßigkeiten in meinem Uni-Büro. Also: Stecker rein!

Weitere Literatur

Markus Pohlmeyer: Ein Miniversum. Thesen zu Spur Z, in: http://culturmag.de/crimemag/mit-maerklin-h0-sozialsiert-philosophie-der-modelleisenbahn-2/149017, Zugriff am 1.2.23.

---

12 W. Schivelbusch: Geschichte der Eisenbahnreise. Zur Industrialisierung von Raum und Zeit im 19. Jahrhundert, Berlin 2023, 14.

Franz Januschek

Miniatur-Modelleisenbahn

Eine Welt erschaffen, lenken und von oben betrachten.
Und er sah, dass es noch nicht gut genug war.

Einleitung

Nahaufnahme: Heck einer alten grünen E-Lok, an die ein alter blauer Schlafwagen gekuppelt ist, von dem nur die Eingangstür zu sehen ist. Zwischen beiden wird ein Teil eines sehr alten olivgrünen Abteilwaggons sichtbar, der auf dem Nachbargleis steht. Nahaufnahme aus Gleishöhen-Perspektive von meiner Modellbahnanlage, damit es so aussieht, wie auf einem echten Bahnhof. Warum? Wozu?

Abb. 1: Nahaufnahme (Privatfoto)

Sieht man sich das Bild auch nur für einige Sekunden an, so fällt sofort auf, was alles *nicht* dem „großen" Vorbild entspricht: Die Fahrzeuge sehen sauber, farbig und neu aus, als wären sie noch nie durch Wind und Wetter unterwegs gewesen, die Laternen an der Lok und diverse Details sind viel zu grob und die Kupplung besteht nicht aus Haken, Kabeln und Schläuchen, sondern aus einem Gewirr von Bügeln u. v. a. m.

Wenn ich doch weiß, dass das Modell nur grob vorbildgetreu ist, warum fotografiere ich es dann aus einer Perspektive, aus der alle entsprechenden Unzulänglichkeiten so genau wie nur möglich zu erkennen sind? Die Gründe sind wohl nicht einfach zu beschreiben – aber die Folgen umso klarer: Je deutlicher einem die Unzulänglichkeiten ins Auge fallen (auch schon ohne Fotografie), desto dringender das Bedürfnis, das Modell zu verbessern, sprich: dem Vorbild ähnlicher zu machen. Dies war eine wesentliche Triebkraft der Modelleisenbahnentwicklung in den letzten Jahrzehnten und überhaupt vom Anfang im 19. Jahrhundert an.

Zu dem Bestreben, die Welt zu verstehen, zu begreifen, sich geistig anzueignen gehört auch das Bedürfnis, sie *nachzubilden*. Das ist seit der Antike bekannt.[1] Des Weiteren gehört dazu auch das Bedürfnis, die in der Realität zu erlebenden *Prozesse nachzuahmen*. Die Konstruktion einer Modelleisenbahn hat sicher etwas mit Mimesis zu tun. Insbesondere handelt es sich dabei um die Nachbildung von *Artefakten*, also nicht einfach um die Nachbildung von etwas, das in der Natur zu sehen ist (wobei es da auch schon signifikante Unterschiede gibt, also etwa zwischen einem beobachtbaren Tier wie einem Löwen und einem „rekonstruierten" Tier wie einem T-Rex). Für die Nachbildung/Nachahmung eines Artefakts gilt folgende Besonderheit: Die Funktionsweise des Vorbilds ist bekannt, weil sie von Menschen hergestellt wurde – im Gegensatz zur Funktionsweise etwa von Lebewesen. Während man, wenn man etwa Puppen zum Laufen oder Sprechen bringt, bewusst bloß äußerlich *Ähnliches* produziert, kann man bei Artefakt-Modellen die „Maschine" des Vorbilds präzise in der Miniatur nachbilden und *ersetzt* sie nur aus praktischen Gründen durch etwas anderes (etwa Dampfkraft durch Strom). Die Nachahmung von Artefakten ist

1 Zur Theoriediskussion über *Mimesis* (und deren Verhältnis zur *Poiesis*) seit Platon und Aristoteles s. den einschlägigen Artikel in der Wikipedia [2025-04-07]. Es ist nur scheinbar anmaßend, die Reflexion über die Modelleisenbahn in diesen kunstphilosophischen Kontext zu stellen.

daher die Nachahmung von etwas Erklärlichem, die Nachahmung von Lebewesen hingegen die Nachahmung von etwas letztlich Unerklärlichem. Mit der Nachahmung von Artefakten feiert sich der menschliche (technische) Verstand.

Nachbildung ist prinzipiell iterierbar: Jedes Modell eines Originals kann selbst wieder Modell stehen für seine Nachbildung und so fort. Meines Wissens gab es zum Beispiel im Hamburger Miniaturwunderland auch ein Modell seiner selbst (im Maßstab 1:87).[2]

Nachbilden und Nachahmen sind bekanntlich immer selektiv. Das Wesentliche soll wiedergegeben werden, Unwesentliches wird weggelassen – mehr oder weniger absichtlich. Bilder und Fotografien lassen vor allem eines weg: die dritte Dimension (3D-Fotografie ist ein Sonderfall). Meine Nahaufnahmen der Modellbahn sind hochselektiv. Und sie sind Abbildungen von Abbildungen: Denn die Lokomotive und die Waggons sind ihrerseits (Exemplare von) Abbildungen bestimmter großer Vorbilder. Die Nahaufnahmen zeigen die unvollkommene Ähnlichkeit dieser Nachbildungen mit ihren Vorbildern, die mir aber selber wiederum nur aus Erinnerungen, Bildern und Vorstellungen bekannt sind. Aber: Die Fotos sind kein bloßer *Ersatz* für etwaige entsprechende Fotos der großen Bahn-Vorbilder auf einem realen Bahnhof, so wie solche Fotos des großen Vorbilds auch kein unvollkommener *Ersatz* für das physische Betrachten dieser großen Vorbilder beim Besuch auf einem Bahnhof o.Ä. wären. Und ein solcher Besuch hätte auch nur Sinn für jemanden, der vom Äußeren und von der Funktion der Eisenbahn fasziniert ist. Kein bloßer Ersatz sein soll heißen: Die Aneignung der Wirklichkeit schafft zugleich selbst eine Wirklichkeit eigener Art. Und daher bedeutet auch die Iterierbarkeit des Nachbildens prinzipiell mehr als bloß logische Spielerei.

Um die Faszination der Modelleisenbahn zu begreifen, reicht es daher nicht aus, ihre Ähnlichkeit zum großen Vorbild zu betrachten.

---

2 Das kann allerdings auch umgekehrt (pervertiert) werden, wenn das ursprüngliche *Vor*bild als Modell seiner *Nach*bildung erscheint – so geschehen mit der von Märklin restaurierten Lok Baureihe 44, die im Märklin-Museum in einem Gebäudekasten präsentiert wird, der im Maßstab 87:1 den Verkaufskarton der entsprechenden H0-Lok nachbildet (Märklin Magazin 06-2021, 4).

Es kommt darauf an, gerade jene Wirklichkeit eigener Art zu erkennen, die sie über die bloße Nachbildung und Nachahmung hinaus erschafft. Das wird leicht vergessen, weil schon die Nachbildung allein eines derart komplexen Systems wie eines Eisenbahnnetzes höchst anspruchsvoll ist (im Vergleich zu einer einzelnen Tierpuppe oder eines einzelnen Schiffs oder Hauses). Dass man mit dem Bau einer Modelleisenbahnanlage zugleich eine Realität sui generis schafft, ist faszinierend und gefährlich zugleich. Die Möglichkeiten zur Erweiterung und Vervollkommnung einer Anlage sind (scheinbar) unerschöpflich – und machen eben dadurch den Modellbahner zum Schöpfer, der sich in der von ihm selbst erschaffenen Welt verlieren und damit die Realität, die seine Welt nachbilden soll, von der sie aber nur scheinbar ein bloßes Abbild ist, verdrängen kann.[3]

Dies in seinem Facettenreichtum zu beschreiben ist mein Ziel.

I. Die Eisenbahn: Einmalig und spektakulär![4]

Ausweichlose Geleise: Unheimliche Eisenbahn, Fahrt zur Hölle

Die Besonderheit des schienengeleiteten (daher der Ausdruck *G(e)leise*[5]) Verkehrs liegt auf der Hand: Da das Fahrzeug nicht nach links und rechts „ausbrechen" kann, können im Prinzip beliebig viele Waggons

---

3 Hallo Platon, das hättest du auch so geschrieben oder?

4 Die Menge an Literatur zum Thema Eisenbahn ist riesig und unüberschaubar. Inwieweit das, was ich hier entwickle, originell ist, kann ich nicht wissen. Es ist das Ergebnis meiner eigenen Reflexion, inspiriert u. a. von Wolfgang Schivelbuschs Klassiker „Geschichte der Eisenbahnreise. Zur Industrialisierung von Raum und Zeit im 19. Jahrhundert" von 1977.

5 *Das deutsche Wort Gleis* ist etymologisch in diesem Sinne passender als die entsprechenden Vokabeln mancher Nachbarsprachen, die den Begriff eher mit *Spur*, *Barriere*, *Linie* oder *Weg* in Verbindung bringen. Im Gegensatz dazu ist der Ausdruck *Eisenbahn* im Deutschen undurchsichtig geworden, insofern er nicht mehr (wie etwa analog zu dt. *Aschenbahn* oder frz. ch*emin de fer* oder it. *ferrovia*) als „Weg aus Eisen" verstanden wird, sondern als „Fahrzeug aus Eisen": Im Deutschen kann man *von einer* Eisenbahn überfahren werden, aber nicht *auf der* Eisenbahn.

angekuppelt und „in einem Zug“ befördert werden. Das bedeutet auch, dass Weg und Ziel prinzipiell vorgegeben sind und dass das Fahrzeug nicht ausweichen oder umkehren kann (es sei denn über – ebenfalls vorgegebene – „Weichen“). Das unterscheidet den schienengeleiteten Verkehr vom Flugverkehr, vom Schiffsverkehr und vom Straßenverkehr. (Selbst auf Autobahnen ist es im Prinzip den einzelnen FahrerInnen überlassen, ob sie die Spur wechseln, abfahren oder gar (als GeisterfahrerIn) umkehren wollen.) Es hat auch zur Folge, dass dem schienengeleiteten Verkehr grundsätzlich Vorrang vor dem Straßenverkehr eingeräumt werden muss: Denn ein Zug von 100 oder gar 1000 Metern Länge und entsprechend vielen Tonnen Masse kann nicht an jeder Straßenkreuzung bremsen und dann wieder anfahren müssen.[6]

---

6 Straßenbahnen (Trams) sollten ebenso wie Schienenbusse/Schnelltriebwagen als Sonderfall betrachtet werden. Üblicherweise sind sie ja gerade nicht sehr lang, manchmal gar so kurz wie ein Kleinbus. Der wesentliche Vorteil des schienengeleiteten Verkehrs, nämlich dass viele Waggons angekuppelt werden können, kommt hier gar nicht zur Geltung. Insofern sind diese Fahrzeuge ein Relikt aus der Zeit, als es noch keine Verbrenner-Vehikel auf den Straßen gab (und die Straßen wetterabhängig, holprig gepflastert und ohne Asphaltdecke waren). Mitte des 19. Jahrhunderts mussten Wetterunabhängigkeit und Schnelligkeit als die entscheidenden Vorteile der Eisenbahn gelten (was manchmal heute noch vermutet wird). Straßenbahnen wurden in den Großstädten allmählich zum Verkehrshindernis, insoweit sie im Mischverkehr die gleichen Wege benutzten wie Autos und Busse. Sobald sie allerdings einen eigenen Gleiskörper und Fahrweg bekommen (der ja wesentlich schmaler sein kann als eine gegenverkehrtaugliche Autostraße), können sie mit Anhängern oder langen Gelenkwagen fahren und es kann ihnen Vorrang vor dem übrigen Straßenverkehr eingeräumt werden. Dadurch können sie nun die Vorteile des schienengeleiteten Verkehrs auch in modernen Großstädten ausspielen.
Ähnliches gilt für Schienenbusse oder moderne Einzel-Schnelltriebwagen. Sie nutzen den eigenen Fahrweg der Eisenbahn und damit auch den Vorrang des Schienenverkehrs. Sie müssen also nur an Plan-Stationen anhalten und können deshalb die Strecke zwischen A und B wesentlich schneller zurücklegen als PKW oder Busse. Ob sie sich bewähren, wenn es auch in entlegenen Regionen für (wesentlich flexiblere) Autobusse geeignete Straßen gibt, scheint fraglich.

Das hat eine makabre Konsequenz: Die Eisenbahn ist ein bevorzugtes Selbstmordmittel. Auch Schiffe, Autos oder Flugzeuge geraten zwar immer mal wieder in Unfälle, bei denen Menschen sterben. Aber wer sie lenkt, weiß, dass er/sie im Prinzip einem Hindernis ausweichen kann; und wer sich in ihren Weg begibt, kann zumindest theoretisch mit dem Leben davonkommen. Ein/e LokführerIn hingegen weiß, dass er/sie machtlos Selbstmördern ausgeliefert ist; und diese wissen ebendies auch.

Mit der Schienengebundenheit der Eisenbahn geht notwendigerweise einher, dass die LokführerInnen[7] nicht die Verantwortung für Weg und Ziel ihrer jeweiligen Fahrt tragen. Sie tragen zwar – prinzipiell, wenn allerdings faktisch allmählich immer weniger – die Verantwortung für Bremsen und Beschleunigen sowie das Beachten von Signalen, das Erkennen von Streckenhindernissen und die Unversehrtheit des rollenden Materials und des transportierten materiellen und personellen Inhalts. Und im Prinzip wäre es auch möglich, dass die LokführerInnen die Verantwortung dafür trügen, wie viele Waggons und welche Gegenstände oder Personen sie ziehen und wann sie abfahren wollen. Aber das ist in einem komplexen Bahnnetz selbstverständlich ausgeschlossen.

Diese systembedingte Delegation von Verantwortung[8] (an die Fahrdienstleitung sowie deren nachgeordnete Stellen wie Stellwerke etc.) kann als bedenklich angesehen werden, und zwar als umso bedenklicher, je komplexer das Streckennetz ist. Solange es nur wenige Strecken im Netz gibt, wäre eine persönliche Beziehung zwischen Lokführer und Fahrdienstleiter prinzipiell noch denkbar, also auch eine kritische Auseinandersetzung über deren respektive Entscheidungen. Mit zunehmender Komplexität des Streckennetzes aber sind die Lokführerin und Fahrdienstleiterin füreinander systembedingt (wenn auch nicht unbedingt faktisch) anonym.[9] Die handelnden Personen, die

7 Im Deutschen gibt es zwar *Lokführer*, *Flugzeug-* und *Kraftfahrzeugführer* sowie auch einen *Führerschein* – aber der einfache Ausdruck *Führer* ist zur (Sprach-)Hölle gefahren. Im heutigen Deutschen heißt der Mensch *Fahrer/Fahrerin*, im Österreichischen *Lenker/Lenkerin*.

8 Vgl. Schivelbusch (1977), 33.

9 Es gibt Fälle, bei denen zwischen LokführerIn und Fahrdienstleitung eine spontane (telekommunikative) *Verständigung* über das weitere Handeln

zum Beispiel die Panzer und Soldaten an die Front und Menschen in die KZs transportieren (lassen), können sich als von der Verantwortung dafür entlastet fühlen. Ein damit verbundener ebenfalls bedenklicher Effekt ist nicht nur die *Einübung* in das Befolgen anonymer Anordnungen, sondern auch die Entwicklung eines *Bewusstseins*, dass es ohne dieses nicht geht. Der Moment, in dem sie einen sterbewilligen Menschen zu Tode gefahren haben, ohne es verhindern zu können, geht LokführerInnen nur schwer aus dem Kopf – aber weit schwerwiegendere oder gar verbrecherische Handlungen, für die ihnen die Verantwortung von höheren Stellen abgenommen wird, führen in der Regel nicht zu schlechtem Gewissen.[10]

Die Weiche stellen

Das deutsche Wort *Weiche* ist, wenn auch nicht originär, so doch fast ausschließlich Eisenbahn-fachsprachlich. Von dort ist es als Metapher in den abstrakten Bereich der Beschreibung sozialer Handlungen gelangt. Wer „die Weichen stellt", bestimmt, wo es mittelfristig langgeht und wo es nicht mehr langgehen kann. In dieser Redewendung wird jene Zeit aufbewahrt, in der die Weichen auf dem Schienenweg noch direkt per Hand von einem „Weichensteller" gestellt wurden (und nicht, wie später, per Draht und Hebel im Bahnwärterhaus an der Strecke oder, wie heute, per Knopfdruck oder programmiertem Automat im fernen Stellwerk).

Weichen sind ein unentbehrliches Element der Eisenbahn, selbst wenn diese nur aus einer einzigen Strecke von A nach B mit einer einzigen Zuggarnitur besteht. Denn an den Enden der Stecke muss die Lok abgekuppelt und am anderen Ende des Zuges wieder angekuppelt

---

erforderlich ist, wo also der/die LokführerIn nicht bloß Befehlsempfänger der Fahrdienstleitung ist. Das betrifft unvorhersehbare Un- oder Zwischenfälle auf der Strecke während der Fahrt, bei denen über mehrere mögliche Maßnahmen nach je situativ vorliegenden Bedingungen zu entscheiden ist.

10 Wenn man mit dem Stichwort „Lokführer Trauma" googelt, erhält man ausschließlich Links zu Dokumenten, in denen es um Selbstmorde geht.

werden, wofür ein Ausweichgleis erforderlich ist. Ausweichgleise werden darüber hinaus regelmäßig gebraucht, wenn mehr Züge als ein einziger auf der Strecke fahren sollen. Die symbolische Aufladung des Begriffs *Weiche* resultiert aber daher, dass ihre Stellung darüber entscheidet, ob ein Zug, der von A kommt, nach B oder nach C fährt, was womöglich eine Entscheidung über Wohl oder Wehe ist. Weggabelungen gab es natürlich längst auch vor der Erfindung der Eisenbahn, und der Ausdruck *Scheideweg* (ebenso wie die Wendung *am Scheideweg stehen*) wird schon immer im ähnlich übertragenen Sinne gebraucht wie *Weiche*. Das Besondere an der Stellung der Weiche ist die Unumkehrbarkeit der Fahrtrichtungsentscheidung: Ein Zug kann eben nicht umkehren, wenn er in die falsche Richtung gezwungen wurde (erst recht nicht, während er gerade über die falsch gestellte Weiche fährt: Entgleisung wäre die Folge). Er kann (in aller Regel) auch nicht rückwärts über die Weiche und nach deren Stellungskorrektur in die andere Richtung weiterfahren. Weichenstellungen erscheinen in diesem Sinne als schicksalhaft. Wer auf dem falschen Wege wandelt, kann umkehren – das ist zu einem religiösen Topos geworden –, ein Zug, der über eine Weiche in die falsche Richtung geleitet wird, hingegen nicht.

Abb. 2: Ortsteil Flensburg-Weiche: Links: Padborg-Kolding (DK). Rechts: Flensburg-Kiel (D) [OpenStreetMap 20250714]

Das Netz: Die Entfernung der Ferne per Ferrum

Das Besondere und Faszinierende an der Eisenbahn ist ihre *Art* der Erschließung von Regionen und Vernetzung von Orten. Wege und Straßen hatte es bekanntlich längst früher gegeben, und, soweit künstlich geschaffen, verfügten sie durchaus auch über Brücken und Tunnel, waren also in der Lage, Geländehindernisse zu überwinden. Dass für die Eisenbahn Brücken und Tunnel von beeindruckender Größe neu erbaut wurden, war also kein *qualitativer* Sprung.

Qualitativ neu war aber die Unnatürlichkeit und Uniformität des Wegmaterials Schmiedestahl, das sozusagen als Fremdkörper in die natürliche Umgebung eindrang und diese mit einem Herrschaft verleihenden Netz überzog. Wege und Straßen waren bis weit ins 20. Jahrhundert im Prinzip aus den Materialien ihrer Umgebungen hergestellt, und ihre Ränder mussten aus diesem Grunde oft eigens markiert werden. Der Schienenstrang hingegen hob sich deutlich von seiner Umgebung ab; und wenn er unterbrochen wurde (durch Naturereignisse oder Attentate: was bis heute aufwändige Schutzbauten erfordert), mussten neue Gleise herangeschafft werden und es gab auch keine Umgehungsstrecken.[11]

Die Gleichförmigkeit des Materials brachte es mit sich, dass zwar überall der Unterbau der Strecken den jeweiligen natürlichen Umgebungen angepasst werden musste, der eigentliche Fahrweg aber einer überall einheitlichen Norm (Schienenspurweite) entsprach. Tausende Kilometer konnten und können so mit demselben Fahrzeug, mindestens demselben Typ von Fahrzeug überwunden werden.

---

11 Auch ohne Blick in Wikipedia oder eine Anthologie zur Technikgeschichte kann man sich vorstellen, dass es keineswegs von Anfang an klar war, dass zwei parallele auf Hartholzbohlen geschraubte Stränge aus Profilstahl ausreichen würden, lange Ketten sehr schwerer Fahrzeuge über beliebig lange Strecken und auch bei unfassbar hoher Geschwindigkeit „in der Spur" zu halten, sofern deren auf dem Stahlstrang rollende Räder allein durch jeweils einen Spurkranz am Ausbrechen nach links oder rechts gehindert werden. Denn zuvor war man zwar daran gewöhnt, dass Wagen auf Wegen parallele Spuren hinterließen, in welchen sich nachfolgende Gefährte relativ sicher voranbewegen konnten – aber das legte doch eher nahe, Eisen-Bahnen als *Rillen* zu konstruieren und nicht als erhabene *Balken*.

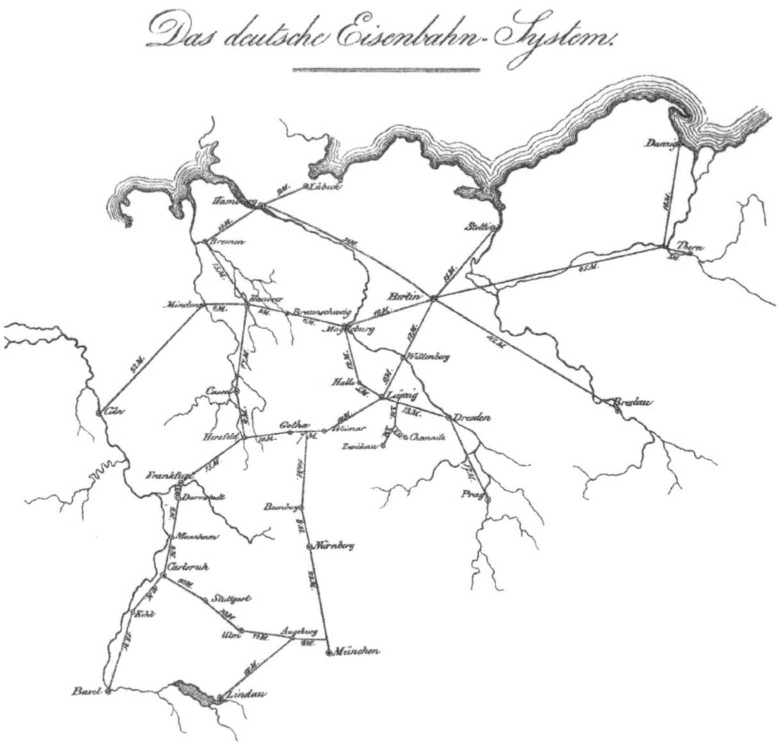

Abb. 3: Von Robert Krause – Friedrich List und die erste grosse Eisenbahn.djvu, Gemeinfrei, https://commons.wikimedia.org/w/index.php?curid=3139323

Darüber hinaus hat die Naturmaterialfremdheit des Schienenstrangs zur Folge, dass ein *Fahrplan* erforderlich ist: Eine Postkutsche kann ja an beliebigen Stellen anhalten und andere Gefährte vorbeilassen, oder eine Marschkolonne kann sich zur Rast in die Büsche schlagen, ohne den Verkehr über die Straße zu beeinträchtigen. Ein Eisenbahnzug muss hingegen weiterfahren, weil Zusammenstöße oder Auffahrunfälle anders nicht zu vermeiden sind (solange nicht nur eine einzige Zuggarnitur eine einzige weichenfreie Strecke bedient). Minutengenaue Fahrpläne waren vor der Eisenbahnzeit weder möglich noch erforderlich – mit dem Ausbau der Eisenbahnnetze wurde aber sogar die internationale Einführung von Zeitzonen notwendig, weil mit der zuvor üblichen ortsgebundenen Sonnenstands-Zeitmessung ein überregionaler oder gar internationaler Fahrplan kaum noch zu organisieren war.[12] Organisiert werden mussten nicht nur Abfahrts- und Ankunftszeit eines Zuges am Start- bzw. Zielort, sondern auch die Halte unterwegs, denn ein Zug konnte eben nicht mehr beliebig irgendwo an der Strecke Pause machen. Der Grund dafür war nicht nur, dass Kohle- und Wasservorrat ergänzt werden mussten, sondern dass der Fahrplan zwecks Vermeidung schrecklicher Unfälle einzuhalten war.

Die Eisenbahn schafft auf diese Weise eine verlässliche und von den je vor Ort gegebenen Ressourcen weitgehend unabhängige Vernetzung. Dass es sich um eine Vernetzung durch besonders *schnelle* Fahrzeuge handelt, war mindestens anfänglich *nicht* das entscheidend Neue.

Je stabiler und zuverlässiger ein Netz, desto größer der Unterschied zwischen seinen Knoten und seinen Löchern. Die Eisenbahn schuf einen erheblichen Unterschied zwischen den an sie angeschlossenen Orten und allen anderen.[13] Wohin man nur über Straßen und Wege gelangte, dort gab es keine überregionale Anbindung, und zwar umso weniger, je bequemer, regelmäßiger und zuverlässiger die Bahn wurde. Während es seit Alters her ein Vorteil sein konnte, in der Nähe einer wichtigen Straße zu wohnen, wandelte sich dies mit der Eisenbahn in den Vorteil, in der Nähe eines *Bahnhofs*, also eines Systemhalts zu

12 „Gesetz betreffend die Einführung einer einheitlichen Zeitbestimmung" (Wikipedia [2025-04-07]).

13 Vgl. zum Folgenden Schivelbusch (1977), 35ff.

wohnen. An der freien Strecke zu wohnen, ist kein Vorteil mehr, heutzutage schon gar nicht.

Siedlungen am Meer und an großen Flüssen waren immer schon recht gut und auch weltweit vernetzt gewesen. Die Besiedelung des Hinterlands jedoch war langwierig und beschwerlich; und Reisen sowie Gütertransport waren tierisch aufwändig im doppelten Sinne des Wortes.[14] Im Übrigen waren auch schon für die Nutzung schiffbarer Flüsse und der Meere sehr unterschiedliche Schiffsstypen (mit mehrfachem Umladen) nötig; und die Schiffbarkeit war nicht über das ganze Jahr hin garantiert. Insofern stellte die zuverlässig und regelmäßig verkehrende Eisenbahn einen qualitativen Sprung in der Vernetzung dar, und zwar umso mehr, je weiter die Siedlungen von großen Häfen entfernt liegen. Daraus ergibt sich die Wichtigkeit von *Bahnhöfen*, also von Haltestellen, an denen die Züge planmäßig ihre Fahrt unterbrechen müssen und Güter laden oder Personen ein- und aussteigen lassen können. Siedlungen, die über einen Bahnhof verfügen, sind vernetzt, im Prinzip sogar international vernetzt, andere Siedlungen sind nicht vernetzt, also „entlegen“. Der kleine Bahnhof an einer Fernstrecke, die in die ganze weite Welt führt, wird zum Sehnsuchtsort.[15]

Dabei leistet das Eisenbahnnetz zweierlei: Anbinden und Verbinden. Die Anbindung der Peripherie ist vor allem für die Erschließung von Bodenschatz-Abbaugebieten bedeutsam (wovon bis heute die wichtigsten Bahnstrecken in den ehemaligen Kolonialgebieten zeugen), aber auch für die Erschließung von dünn besiedelten und touristischen Regionen. – Die Peripherie wird *an*gebunden, Metropolen aber werden miteinander *ver*bunden.

Eine Besonderheit entsteht daraus für die Bahnhöfe in Großstädten. Plausiblerweise waren sie zunächst als Anfangs- bzw. Endbahnhöfe (so wie große Seehäfen oder heutzutage alle Flughäfen) gedacht und entsprechend als Kopfbahnhöfe gebaut worden, die umso mehr Gleise/Bahnsteige benötigten, je mehr verschiedene Strecken in der Stadt endeten. Denn auf diesen Bahnhöfen mussten die Züge ja so lange stehen bleiben, bis sie für ihre fahrplanmäßige Rückfahrt wieder hergerichtet waren. Mit der immer weiteren Streckenvernetzung

---

14 Vgl. die Metapher *Wüstenschiff* für *Kamel*.

15 Vgl. dazu Elle (2016) sowie Hörz/Klenke (2016).

und der immer weiteren (und sicher nicht so erwarteten) Zunahme des Personenreiseverkehrs wurden die einstigen Endpunkte der Strecken zu Knotenpunkten im Netz und die Großstadtbahnhöfe mussten zu Durchgangsbahnhöfen werden (was bekanntlich bis heute noch ein Problem in Städten wie London, Paris, Budapest und anderen ist). Diese Großstadtdurchgangsbahnhöfe sind aber keineswegs so „schlank" geworden wie die kleinen Streckenbahnhöfe – und das liegt vor allem an der engeren Taktung der Züge, die es den Reisenden ermöglicht, vom einen auf den anderen Bahnsteig zu wechseln, um nach vertretbarer Wartezeit einen Anschlusszug in eine der vielen anderen Richtungen zu erreichen.

Ein Großstadtbahnhof ist daher heute auch in der Phantasie und in den Geschichten, in die wir verstrickt sind, etwas ziemlich anderes als ein Kleinbahnhof an der langen Strecke. Letzterer ist, obwohl mitten an der Strecke, eher Ausgangs- oder Endpunkt einer Reise, während der Großstadtbahnhof jener Ort ist, an dem die Wege vieler Menschen sich kreuzen. – Weder das eine noch das andere lässt sich auch nur einigermaßen adäquat auf einer Modellbahnanlage nachempfinden. Einsamkeit und Belebtheit kann man zwar nachbilden, aber es gibt dort keine *Ferne*, die nachahmend zu überwinden wäre: alles ist „zum Greifen nah".

Signale

Signale sind elementar für die Eisenbahn und gehören auch zu deren Besonderheiten.

Es gibt zwar auch Ähnliches im Schiffsverkehr und natürlich im Straßenverkehr. Der Straßenverkehr ist für Menschen heutzutage derart alltäglich, dass zum Beispiel die *Ampeln* jungen Menschen als Urbild dessen erscheinen, was bei der Eisenbahn die *Signale* sind: Wenn jüngere Menschen heutzutage, statt wie üblich mit dem Auto, mit der Bahn fahren und ein rotes Signal erblicken, sprechen sie ganz selbstverständlich von einer roten *Ampel*.

Die Unterschiede sind aber entscheidend:

Bei den Verkehrsampeln wechseln zwar die Stellungen, aber in aller Regel berechenbar und strikt regelmäßig. (Man kann sich zum Beispiel

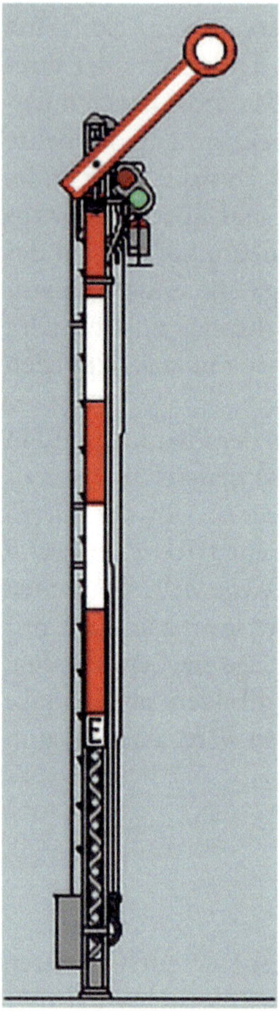

Abb. 4: Form-Hauptsignal, https://www.themt.de/org-0500-49.html

ausrechnen, ob es sinnvoll ist, noch schnell auf eine Ampel zuzufahren, die schon lange *Grün* zeigt und bei der also demnächst *Rot* zu erwarten ist.) Verkehrsampeln wechseln ihre Stellung nach Programm und nicht nach Situationserfordernis. Bei den Schiffahrtszeichen (einschließlich Leuchttürmen) handelt es sich in aller Regel um *starre* Zeichen. Sie wechseln ihre Einstellung oder Farbe nicht je nach Situation (abgesehen von Schleusen u. Ä.).

Eisenbahnsignale hingegen werden je nach Situation bedient, und zwar von Personen oder Instanzen, die grundsätzlich *nicht* mit den Lokführern darüber kommunizieren (können). LokführerInnen müssen also jederzeit auf Rot zeigende Signale gefasst sein; und deshalb werden diese und ihre zu erwartende Stellung auch bereits eine lange Strecke vorher (so lang wie der Bremsweg eines langen Schnellzugs) durch Vorsignale und Baken angekündigt.

Ebenso wie im Straßenverkehr gibt es auch bei der Eisenbahn eine große Anzahl fest installierter Zeichen, die auf Geschwindigkeitsbegrenzungen, Baustellen u. v. a. m. hinweisen. Besonders und bahnspezifisch sind aber jene Signale, deren Stellung je nach Maßgabe der vor dem Zug liegenden Streckenhindernisse gewechselt wird. Bahnspezifisch sind sie deswegen, weil der eigentliche Sinn des Eisenbahnverkehrs nur gewährleistet werden kann, wenn der Lokführer/die Lokführerin den vor dem Zug liegenden Streckenabschnitt *nicht* (bzw. nur zu einem sehr kleinen Teil) überblicken können. Der Lokführer muss auf „freie Fahrt" vertrauen können, obwohl er/sie nicht wahrnehmen kann, was auf den nächsten Kilometern (auf dem potentiellen Bremsweg) seiner Strecke los ist, auf denen sie den Zug nicht rechtzeitig zum Stehen bringen könnten (schon gar nicht, wenn ihnen ein Zug entgegenkäme).[16]

Charakteristisch für die Eisenbahn sind die traditionellen *Formsignale*, deren Stellungen (waagerecht für *Halt* und schräg nach oben für *Freie Fahrt*) ikonisch an eine geschlossene bzw. geöffnete Schranke erinnern. Dass diese Art von Signalen die ursprüngliche (und mittlerweile emblematische) Form darstellt, lässt darauf schließen, dass Schnellzugfahrten in der Dunkelheit ursprünglich die absolute Ausnahme darstellten. Zuverlässige Lampen (Petroleum und später Gas), die tagsüber und nachts gleichermaßen gut aus der Entfernung erkennbar waren, gab es zunächst nicht; elektrisches Licht erlangte für Bahnsignale erst spät im 20. Jahrhundert Verkehrs-Alltagsreife.[17]

Ein voll automatisierter Eisenbahnbetrieb könnte im Prinzip auf sichtbare Signale verzichten, weil dann die je notwendigen Streckenbefehle von den Leitstellen direkt an die Automaten in den Steuerabteilen der Züge übermittelt und von diesen befolgt würden. Der Betrieb würde aber trotzdem nicht wie ein Uhrwerk ablaufen können, weil immer auf Unwägbarkeiten – Schäden an Strecken oder am rollenden Material, Verzögerungen beim Ein- und Aussteigen, Wetterprobleme usw. – reagiert werden muss. Zurzeit ist nicht sicher, inwieweit in Zukunft für das Management solcher Unwägbarkeiten noch menschliche Intelligenz erforderlich sein wird. Signale aber werden vermutlich am ehesten zum Nostalgie-Inventar der Eisenbahn gehören.

16 Ähnliches gilt mittlerweile auch für Schiffs- und Flugkapitäne, die auf Funk und Radar vertrauen müssen. Überall geht bekanntlich die technische Entwicklung in Richtung autonomes Fahren, und zwar im Schienenverkehr noch rascher als im Straßenverkehr. Die Beachtung von Signalen wird dann kaum mehr zu den Aufgaben von LokführerInnen gehören; die Verantwortung wird weitgehend auf Automaten verlagert.

17 Vgl. dazu ausführlich: https://www.blocksignal.de/stw/stw.php?w=drg [20250408].

Lokomotiven

Die Dampflokomotive steht prototypisch und emblematisch für die Eisenbahn. Das hat historische und technische Gründe, aber auch ideologische Folgen.

Die Dampfmaschine war bekanntlich das erste Gerät, mit dem verlässlich, dauerhaft, witterungs- und ortsunabhängig eine mächtige Drehbewegung erzeugt werden konnte (womit dann ja auch das industrielle Zeitalter eingeläutet wurde). Dass man damit Wagen antreiben konnte, war von Anfang an klar; dass diese Wagen besser auf Gleisen laufen sollten, wurde erst offenkundig, als man erkannte, dass der Dampfantrieb stärker war und weit längere Züge ermöglichte als die traditionelle Pferdetraktion. An der Dampflokomotive führte also zunächst gar kein Weg vorbei.[18] Die Frage, ob und inwieweit gerade diese Technik viele Jahrzehnte lang nahezu alternativlos beibehalten und verfeinert werden musste, ist allerdings aufschlussreich.

Abb. 5: https://www.amazon.de/Verkehrsschild-Verkehrszeichen-Eisenbahnschild-Strassenzeichen-Dampflokomotive/dp/B004NJZ6LC

Was die Antriebsenergie als solche betrifft, so kann man die Frage rasch beantworten: Verbrennungs- und Elektromotoren wurden erst viel später erfunden und deren Ressourcen mussten erst erschlossen

18 S. dazu auch den Text von Fränzle in diesem Band.

(Öl) werden, bzw. ihr Transport in die Motoren (aus ortsfesten Kraftwerken über Drähte und Stromabnehmer) musste extra geschaffen werden. Windkraft wie bei Segelschiffen kam wegen Unregelmäßigkeit und der Unmöglichkeit ihrer Speicherung nie in Frage, Luftschrauben-(„Schienenzeppelin“) und Rückstoßmotoren taugen nur für Einzeltriebwagen, und linear bewegte Magnetfelder (Magnetschwebebahn) sind zu spät erfunden worden, um die Rad-Schiene-Technik mit vertretbarem Aufwand ersetzen zu können.[19]

Für den Antrieb selbst – also die Übertragung der von der Dampfmaschine erzeugten Drehbewegung über Antriebsräder auf die Schienen – gab es von Anfang an durchaus Alternativen. Statt einer Lokomotive hätte man einen langen Zug von Waggons auch mittels eines Drahtseils von einem ortsfesten Dampfkraftwerk über die Gleise ziehen lassen können. Das allerdings hätte ein Schienennetz mit mehreren unabhängig voneinander fahrenden Zügen verunmöglicht. Man hätte aber auch statt der Rad-Schiene-Technik eine Zahnradbahn zum Standard machen können (wie heute noch bei einigen Bergbahn-Steilstrecken). Das ist eine aufwendige und anfällige Technik. Aber andererseits konnte es zu Beginn der Dampfeisenbahnzeit auch längst noch nicht klar sein, wie lang und wie schwer eine Lokomotive sein musste, wie viele Antriebsräder sie haben musste, um Züge unterschiedlicher Länge in Bewegung setzen und Steigungen bewältigen zu können, ohne auf den glatten Eisenschienen ins Rutschen zu kommen.[20] Dass die Rad-Schiene-Technik obsiegte, lag auch daran, dass man mit rein mechanischen Mitteln den Dampfantrieb auf mehrere Antriebsachsen synchron verteilte (und so eine technisch wesentlich aufwändigere Synchronisierung mehrerer Antriebsmaschinen vermied). Die Folge war das extrem beeindruckende Gestänge aller großen Dampfloks mit 2 bis 3 oder gar 5 verbundenen angetriebenen Achsen[21], deren Räder, um

19 Wohl aber in China (Transrapid Schanghai).

20 Dies mit allen wirkenden Faktoren zu berechnen ist höchst aufwendig, vgl. dazu: Bernd Lange (2024): Fahrdynamik der Schienenfahrzeuge https://dmg-bahn.de/data-matrix/uploads/2022/06/Bernd-Lange_Fahrdynamik-von-Schienenfahrzeugen.pdf [2025-04-08].

21 Oder noch mehr: S. dazu Markus Pohlmeyers Essay zum „Big Boy“ in diesem Band.

Schnellfahrten zu ermöglichen, bis zu zwei Meter Durchmesser hatten. Dieses Gestänge musste offen zur Schau stehen, weil es eine Menge Schmierstellen hatte, die für die Wartung zugänglich bleiben mussten.

Technikbegeisterte Menschen haben sicherlich schon frühzeitig überlegt, ob es nicht sinnvoll wäre, einen beliebig langen Zug über die Gleise fahren zu lassen, der aus lauter selbständigen und je von einer kleinen Maschine angetriebenen Waggons besteht. Dass dies im Vergleich zur Lokomotivtraktion zu aufwändig, ineffizient und anfällig wäre, wird ihnen rasch klar geworden sein. Entsprechende Ideen haben sich weit später erst mit den modernsten Triebwagenzügen wie etwa dem deutschen ICE3 (und auch nicht mit für jede Tour neu zusammenzustellenden Güterzügen) realisieren lassen. Da war es technisch weitaus einfacher, das Folgeproblem der Synchronisierung von Bremsen über eine Vielzahl von fahrerlosen Waggons und Achsen zu lösen.

Eine Lokomotive ist typischerweise eine Zugmaschine und keine Schiebmaschine. Man musste sich aber schon frühzeitig Gedanken machen, ob das unbedingt so sein müsse. Denn wenn ein Zug nach Erreichung seines Zielbahnhofs wieder zurückfahren sollte, war es unpraktisch, die Lok abzukuppeln, auf einem Nachbargleis vorbeifahren zu lassen und am anderen Zugende wieder anzukuppeln (oder aber eine Ersatzlok bereitzuhalten). Es ist klar, dass für geschobene Züge nicht nur die Waggons hinsichtlich Gewicht und Pufferung passend konstruiert werden mussten, sondern vor allem, dass entsprechend ausgestattete Steuerabteile/Steuerwagen am der Lok entgegengesetzten Zugende vorhanden sein müssen und dass von diesen aus die gesamte Lokomotivtechnik ferngesteuert werden können muss (was nicht schon für Rangierfahrten mit sehr kurzen Zuggarnituren gilt). Die erforderliche Technik gab es zu Anfang der Eisenbahnzeit nicht – sie wurde aber immerhin im 20. Jahrhundert noch während der Dampflokzeit entwickelt, in England bereits seit 1905 (Wikipedia-Stichwort „Wendezug“ [2025-04-08]). Mittlerweile sind hierzulande zwar so gut wie sämtliche Personenzüge Wendezüge, die genauso schnell geschoben wie gezogen werden können. Aber ihre Diesel- oder E-Lokomotiven sehen kaum viel anders aus als ein Waggon; und wenn es sich um Triebwagenzüge handelt, lassen sich Triebkopf und Steuerkopf gar nicht mehr äußerlich voneinander unterscheiden (wenn nicht ohnehin der gesamte Antrieb auf den ganzen Zug verteilt wurde).

Die äußere Gestalt von Dampflokomotiven war in allen wesentlichen Punkten das Ergebnis funktionaler technischer Notwendigkeiten und nicht etwa ästhetischer Überlegungen. Das gilt für den liegenden langen runden Kessel, für die Dome auf seinem Dach und den Rauch-Schornstein, für die diversen Leitungen und Aggregate an der Außenseite des Kessels, für die „dicken Backen", in denen die Kolbenstangen vom Dampfstrom in Bewegung gesetzt werden und für den Führerstand, der sich nicht vorn vor dem Kessel, sondern hinter dessen Feuerbüchse und vor dem Kohlevorrat bzw. Kohlentender befand. Dass eine windschnittige Gestalt einem Fahrzeug bei hoher Geschwindigkeit von Nutzen ist, wusste man natürlich auch im 19. Jahrhundert schon. Dampflokomotiven aber konnten um der Wartungszugänglichkeit willen nicht windschnittig gebaut oder verkleidet werden (entsprechende Versuche im 20. Jahrhundert scheiterten deshalb). Die Folge: Dampflokomotiven zeigten immer und überall ihre „Muskeln" (im Gegensatz zu Diesel- oder E-Loks – die im Übrigen nur surren, summen, brummen oder singen können, nicht aber stampfen und schnaufen wie Pferde („Rosse")).

Die Konsequenz dieser Entwicklung ist, dass eine Lokomotive prototypisch und emblematisch immer noch eine Dampflok ist. Die Eisenbahn ist entsprechend ein Zug mit vielen Waggons, der von einer Lok gezogen und nicht geschoben wird. Die Vorstellung einer Lokomotive orientiert sich daher, auch wenn es sich um eine superstarke Diesel- oder E-Lok handeln soll, eher an kompliziert aussehenden Typen wie dem Schweizer „Krokodil" oder den amerikanischen dieselelektrischen Zugmaschinen als an den glatten Baureihen (aus den Serienfabrikaten *Traxx* und *Vectron*) der gegenwärtigen deutschen Personen- und Güterzüge.

Waggons

Eine Lokomotive zieht eine lange Kette von Waggons über das Land. Die Anzahl der Waggons kann variieren, und sie können auch ganz verschieden aussehen. In der Anfangszeit der Eisenbahn mögen sich die Leute darunter eine lange Kette von Heuwagen oder von Postkutschen vorgestellt haben; und das wird ihnen sicherlich komisch vorgekommen sein. Die heutige Eisenbahnrealität sieht äußerlich ziemlich anders aus: Personenzüge erscheinen wie große farbige Schlangen, deren Waggons und Triebköpfe kaum voneinander abgegrenzt sind, und Güterzüge bestehen in aller Regel aus einer Kette jeweils gleichartiger Waggons (Container, Schüttgut, Autos, Tankkessel u.a.). Zumindest für Personenzüge gilt, dass die Anzahl der Waggons nur noch eingeschränkt variabel ist: einen zusätzlichen Waggon anzukuppeln oder einen nicht benötigten (oder schadhaften) Waggon abzukuppeln ist derart (zeit-) aufwendig, dass sich ein eng getakteter (Pendel-)Zugverkehr dabei nicht mehr gewährleisten ließe. Zwischen Triebwagenzügen und lokbespannten Zügen besteht in dieser Hinsicht also kein Unterschied mehr.

Der eigentliche Zweck der Eisenbahn, eine große und variable Menge von Gütern bzw. Anzahl von Personen zuverlässig über das Land befördern zu können, repräsentiert sich aber gerade in der Möglichkeit, beliebig viele Waggons in beliebiger Reihenfolge an eine Lokomotive anhängen zu können. In der Spielzeugeisenbahn (auch und gerade, wenn sie aus Holz oder Kunststoff ist), sieht es daher immer noch so aus. Die Kupplung muss funktionieren – dass auch eine zentrale Bremsanlage (und, im Falle von Personenwaggons, zentrale Heizung, Licht, Strom und Telefon) dazugehören, wird erst bei weiterem Nachdenken klar; und in der Modellbahn ist es unnötig.

Globaler Gütertransport (einschließlich riesiger Containerschiffe und Tanker oder auch Monstertrucks) sowie Personenbeförderung (einschließlich Kreuzfahrtschiffe, Jumbojets, U-Bahnen und PKW) haben sich hinsichtlich Umfang und Funktion in den vergangenen zwei Jahrhunderten derart verändert, dass die Eisenbahn teilweise nostalgischen Charakter gewonnen hat; und das manifestiert sich vielleicht am deutlichsten am Begriff des Waggons, der, gleich welchen Typs, nach Belieben und in beliebiger Anzahl an eine Lok angekuppelt werden kann.

II: Modelleisenbahn: Nachstellen, Herstellen, Vorstellen

Wenn der Bau einer Modelleisenbahnanlage mehr ist als das Abbilden eines großen Vorbilds, sondern vielmehr das Erschaffen einer Welt eigener Art, dann muss sich beschreiben lassen, worin diese „eigene Art“ besteht. Das will ich im Folgenden versuchen.

Grenzerfahrungen

Zwischen SpielerIn und Spielzeug gibt es eine Grenze so wie zwischen BastlerIn und dem Bastelmaterial. Das erscheint trivial; aber die Grenze ist nicht immer deutlich: Beim Spiel mit dem Heimtier oder beim Eintauchen in ein virtuelles Spielgeschehen – womöglich mit Online-Bodysuit – können SpielerIn und Spielgerät miteinander „verschmelzen".

Bei der Modelleisenbahnanlage ist die Grenze jedoch scharf: Der Spieler befindet sich außerhalb der Anlage und steuert die in ihr ablaufenden Prozesse, einschließlich des Ein- und Ausschaltens etwaiger automatischer Abläufe. Es gelten folgende Regeln:

- Je vorbildgetreuer die Anlage, desto schärfer die Grenze.
- Je weniger händisches Eingreifen erforderlich oder gar nötig ist, desto deutlicher die physische Distanz des Spielers von der Anlage.

Wenn man sich eine Modellbahnanlage auf einer großen Platte aufgebaut vorstellt, dann gehört die gesamte „Landschaft" mit allen Gleisen und mit dem gesamten Geschehen darauf zur Anlage; und die Grenze scheint dann einfach durch die Kanten und durch die Unterseite der Platte gebildet zu werden, eventuell zusätzlich gesichert durch niedrige Wände, die (etwa bei professionellen Großanlagen) „Übergriffe" des Zuschauerpublikums verhindern sollen. Die SpielerInnen befinden sich in der Distanz bei ihren Steuergeräten und Stellwerken. Aber so einfach ist es eben nicht, denn zwischen beiden befinden sich eine Unmenge Kabel, Schrauben, Haken, Motoren, Computer usw. Erst deren Gesamtheit bildet die Grenze zwischen „Spieler" und „Spielzeug" im Modellbahn-Metier. Der „Blick hinter die Kulissen" (den man zum Beispiel beim Hamburger „Miniaturwunderland" eigens buchen kann) ist ein Blick auf diese Grenze zwischen SpielerInnen und Spielzeug.

Ist dann nicht der Ausdruck „Grenze" verfehlt? Handelt es sich nicht vielmehr schlicht um die *Mittel*, die den SpielerInnen das Spielen, also das Steuern vielfältiger Bewegungen auf der Anlage ermöglichen? Sicher handelt es sich um diese. Man könnte auch sagen: Es gibt *zwei* Grenzen, die eine zwischen der sichtbaren Anlage und der Maschinerie und die zweite zwischen der Maschinerie und dem Spieler an seinen Schalthebeln. Typisch ist jedenfalls, dass die „Maschinerie" absichtlich sowohl gegenüber der Anlage als auch gegenüber den „Endgeräten“ und den daran Spielenden verborgen wird.

Ist das nicht bei mehreren Spielgeräten ganz genauso? Vor allem bei Computerspielen bleiben den SpielerInnen die zwischen ihnen an ihrer Konsole einerseits und dem Geschehen auf dem Bildschirm und auf den Bildschirmen und Konsolen der MitspielerInnen befindlichen Hard- und Softwareprozessen andererseits verborgen. Sie *sind* ihnen verborgen, aber sie *haben* sie nicht verborgen. ModelleisenbahnerInnen hingegen *erschaffen* die Grenze der Anlage, indem sie die Anlage erschaffen und dabei Kabel, Funksender bzw. -empfänger sowie all das, was für den Betrieb der Anlage erforderlich ist, verstecken, sobald sie es installiert haben. Der Aufbau einer Modellbahnanlage besteht nicht nur im bastlerischen Zusammensetzen von Teilen, sondern im absichtlichen Herstellen des Anscheins, dass es die gesamte für den Betrieb erforderliche „Maschinerie“ gar nicht gibt. Das Ziel ist also nicht bloß die Schaffung einer schönen oder gefälligen Oberfläche oder das Tilgen der Spuren der Bastelarbeit, sondern die Herstellung einer kompletten „Welt“, die sich selbst zu genügen scheint. Das ist ein entscheidender Unterschied etwa zu einer Uhr, deren komplexes Werk mittels eines transparenten Äußeren sichtbar zu machen durchaus zur ästhetischen Gefälligkeit beitragen kann. Eine entsprechend transparente Modellbahnanlage wäre selbstverständlich auch möglich: technisch ja, aber begrifflich absurd.

Das bis hier Ausgeführte betrifft allerdings vor allem die „Untergrenze“ der Modellbahnanlage, also das, was unterhalb der Platte auf dem Weg zu den Steuergeräten installiert ist. Die *horizontale* Grenze der Anlage ist durch weitere interessante Merkmale zu beschreiben.

Beginnen wir mit der einfachen Kreisbahn. Deren horizontale Grenze wird aus topologischen Gründen durch den Gleiskreis gebildet, der die Modellbahnwelt von der Außenwelt scheidet. Innerhalb des Kreises kann man ein Dorf, eine Stadt, weitere Gleisanlagen einschließlich weiterer (auch einander überschneidender) Kreise errichten. Sobald aber die eigentliche Funktion der Eisenbahn modelliert werden soll, nämlich die, eine Verbindung zu fernen Zielen herzustellen, muss der Kreis überschritten werden, egal wie groß die Platte mit der Kreisbahn ist. (Das Miniaturwunderland, das im Grunde natürlich auch nur eine riesengroße Kreisbahnanlage ist, hat dafür sogar eine Brücke über ein Fleet in der Hamburger Speicherstadt bauen lassen.[22])

Radikal formuliert: Im Begriff der Modelleisenbahnanlage ist die Notwendigkeit zu ihrer horizontalen „Entgrenzung“ bereits enthalten. Wo physisch die horizontale Grenze der Anlage ist, muss man notwendigerweise den Eindruck entstehen lassen, diese Grenze gäbe es gar nicht. Die einfachste Methode dazu ist offenbar das Modellieren hoher Gebirge an den Rändern der Anlage, wo die Züge dann in Tunneln verschwinden und scheinbar in die Ferne reisen können. Zusätzlich kann man die Wände am Rand der Anlage mit Landschaften bemalen, die den Blick bis zum Horizont zu lenken scheinen.

Der Widerspruch zwischen der auf den Kreisbahn-Status horizontal begrenzten Modelleisenbahnanlage einerseits und der Grenzen überwindenden Funktion von Eisenbahnen andererseits lässt sich nicht auflösen. Man könnte ihn vielleicht aber symbolisch auflösen: Man kann die horizontalen Grenzen einer landschaftlich durchgestalteten Anlage deutlich markieren, dann aber an einer bestimmten Stelle, sozusagen einem *Loch*, einen Schienenstrang diese Grenze durchbrechen lassen, auf dem – *ohne* jede weitere Beleuchtung oder landschaftliche Gestaltung – ein Zug nach draußen „in die Ferne“ (etwa in einen anderen Raum) fahren kann.

Zusammengefasst: Sobald man sich und je mehr man sich auf Konzeption und Bau einer Modelleisenbahnanlage einlässt, setzt man Grenzen und macht Grenzerfahrungen: zum einen die „untere“, vertikale Grenze zwischen der Anlage und dem Modelleisenbahner-Subjekt, die – materiell repräsentiert durch Kabelgewirr und „Maschinerie“ – ins Unsichtbare verlegt, verdrängt werden muss, zum anderen die seitliche, horizontale Grenze, deren Überwindung der Sinn von Eisenbahnen (als „Kommunikations“-Mittel) ist, die aber von der Modellbahn als räumlichen Grenzen unterliegender Kreisbahn nicht überwunden werden kann.

Welche psychischen Voraussetzungen und/oder Folgen möglicherweise mit diesen modellbahnspezifischen „Grenzerfahrungen“ verbunden sind, kann hier dahingestellt bleiben.

---

22 Siehe den „Reiseführer“ des Miniaturwunderlands: https://www.miniatur-wunderland.de/files/flyer-reisefuehrer-deutschland.pdf? [20250415].

Miniatur: Immer kleiner und doch auch immer größer

Das Nachbilden von Artefakten ist keine neuzeitliche Errungenschaft. Modelle von Wagen, Schiffen, Gebäuden und anderem gab es auch in der Antike schon.[23] Logischerweise muss man sich für das Erschaffen solcher Modelle für einen (mehr oder weniger exakten) Maßstab entscheiden. Welcher Maßstab das auch immer sein mag: Das Faszinierende am Modell ist immer die Detailtreue gegenüber dem großen Vorbild. Sie zu optimieren ist sicherlich ein wesentliches Motiv für das individuelle Basteln sowie für das industrielle Konstruieren von Modellen.[24] Das gilt ebenso auch für Eisenbahnmodelle. Für diese gilt aber noch eine Besonderheit: Modelliert werden kann nicht nur das einzelne Vehikel, etwa eine Lokomotive, sondern das *System* Eisenbahn, in dem sich Lokomotiven bewegen, und zwar auf Gleisen, die ihren Weg bestimmen. Im Gegensatz zu den Modellen einzelner Vehikel hat das Modell des Systems Eisenbahn keine Grenzen, was räumliche Ausdehnung und Komplexität betrifft. Das ist der Unterschied zwischen Modellen verschiedenartigster Vorbilder einerseits und einer Modelleisenbahn-*Anlage* andererseits.

Modelleisenbahnen gibt es bekanntlich in verschiedenen Spurweiten, mit denen entsprechende Maßstäbe gegenüber dem großen Vorbild (für das allerdings ebenfalls verschiedene Spurweiten existieren) verbunden sind. Das scheint einfach zu erklären zu sein, zum einen dadurch, dass die Modelleisenbahn als Spiel*ware* den räumlichen Möglichkeiten der angepeilten Käuferschichten anzupassen war, zum anderen durch die technischen Möglichkeiten zur Herstellung passgenauer winziger Teile und Motoren. (Für Spurweiten I und 0 konnte man in den 1930er Jahren noch dampfgetriebene Loks anbieten – für die winzigen Spur-Z-Loks wäre das sicher nicht mehr möglich.[25] Allerdings gibt es Technik-Enthusiasten, die die Verwinzigung von Echtdampfloks immer weiter vorantreiben, wie Stefan Fränzle in seinem Aufsatz (in diesem Band) zeigt.)

---

23 Z.B. den goldenen Streitwagen aus dem Oxus-Schatz des vorchristlichen Perserreichs (MacGregor (2011) 207ff.).

24 Vgl. dazu Väterlein (1985).

25 https://de.wikipedia.org/wiki/Maßstäbe_der_Modelleisenbahn.

Abb. 6: Eine Anlage (Modelleisenbahntreff Nordheide: https://www.modelleisenbahntreff-nordheide.de/katalog.htm [2025-04-15]) aus dem Märklin-Katalog 1938

Aber diese Erklärungen reichen nicht aus. Denn obwohl es heute möglich wäre, ein ziemlich großes Vorbild-Areal (z. B. 1 km^2) auf einer Wohnzimmeranlage in Spur Z (1:220) maßstabsgetreu und vor allem detailgetreu abzubilden, werden doch gleichzeitig auch viele Lokomotiv- und Waggonmodelle in Spur I (1:32) angeboten, für die man große Hallen bräuchte, wenn man sie denn in einer angemessenen „Landschaft“ fahren lassen wollte. Offenbar geht es bei diesen großen (und für Durchschnittsverdiener völlig unerschwinglichen) Modellen nicht um die Begeisterung für den Aufbau einer Modellbahn-*Anlage*, sondern nur noch und wiederum um die Maßstabs- und Detailtreue: Je größer der Maßstab, desto feinere Details können nachgebildet werden (etwa Armaturen in Führerständen oder Texte in Zeitungen lesender Passagiere in den Waggons). Ein solches Modell soll sich mit echt wirkenden Geräuschen, Figurenbewegungen, Lichteffekten (und womöglich auch Gerüchen: Zukunftsmusik?) in Bewegung setzen lassen und damit seine Funktio*nalität* demonstrieren, auch wenn seine *Funktion* als Distanzen überwindendes Massentransportvehikel aus Platzgründen nicht, auch nicht en miniature, gezeigt werden kann.

Es ist klar, dass es für die Detailtreue keine Grenzen gibt, wenn man den Maßstab nach Belieben vergrößert. Ebenso klar ist, dass man die eigentliche (Vernetzungs-)Funktion der Eisenbahn im Miniaturformat umso besser nachbilden kann, je kleiner der Maßstab ist. Das Streben nach Maßstabs- und Detailtreue ist offenbar in beiden Richtungen wirksam, egal, welche Spurweite gewählt wurde; die Ästhetik mag aber bei Vergrößerung des Maßstabs durchaus über die Funktion obsiegen. Es gibt allerdings auch jene Fälle, wo die Funktion der Miniaturbahn die Ästhetik schlägt: Gartenbahnen und insbesondere Eisenbahnen in Vergnügungsparks u. Ä. werden als Güter- und Personentransportmittel genutzt, die zwar deutlich als Miniaturbahnen erscheinen und auch er*fahren* werden sollen, dabei aber ebenso deutlich keinerlei Wert auf Maßstabs- und Detailtreue legen.

Nachbilden (Malen, Modellieren u. a.) und *Nachahmen* (Spielen, Musizieren u. a.) mögen wohl zwei grundsätzlich verschiedene Modi der menschlichen mimetischen Aneignung von Wirklichkeit sein (s. Einleitung). Bei der Konzeption von Modelleisenbahnen konfligieren diese Modi offenbar tendenziell miteinander. Und dies hat seine Ursache wohl vor allem darin, dass der Gegenstand der Mimesis selbst ein Artefakt ist, und zwar eines mit raumübergreifender Funktion. Bei noch moderneren Artefakten wie Flugzeugen, Raumschiffen oder gar Telekommunikationssystemen ist der mimetische Modus des *Nachahmens* (des betreffenden Verkehrs- oder Kommunikationssystems in einer „Anlage“) bereits so gut wie ausgeschlossen, man kann diese Geräte nur noch *nachbilden*. Die Eisenbahn mit ihrem Funktionssystem ist somit vielleicht das letzte moderne Artefakt, bei dem Nachbilden und Nachahmen zugleich auf plausible Weise *in concreto* möglich sind, während die moderneren Systeme dafür auf *virtuelles* Spielen via Computer und Internet angewiesen sind.

Landschaft

Wenn es nur um Vorbildtreue ginge, müsste die elementare Modellbahnanlage so aussehen: Die Gleisstrecke verbindet A und B (Variante 1, schematisch):

Sie sieht aber so aus (Variante 2, schematisch):

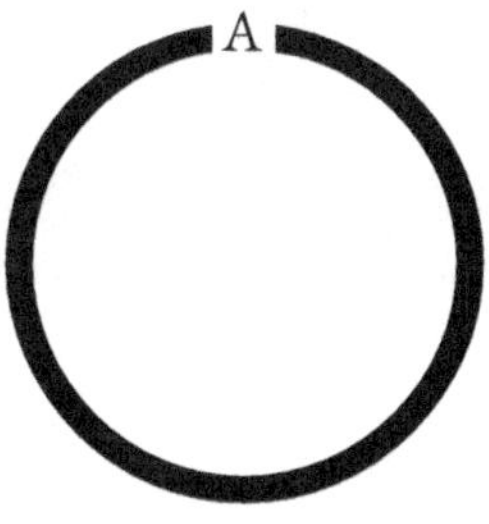

Der Kreis kommt vielleicht daher, dass die Spieler bei der Variante 1 gezwungen wären, immer wieder die Fahrtrichtung der Fahrzeuge umzuschalten und/oder die Lok abzukuppeln und am anderen Ende des Zuges wieder anzukuppeln. Das hätte – insbesondere bei Uhrwerkbetriebenen Spielzeugbahnen – die Spielfreude unterminiert.

Es wäre durchaus möglich, ausgehend von der ersten Variante eine komplexe Anlage aufzubauen, etwa so (Variante 1a, schematisch):

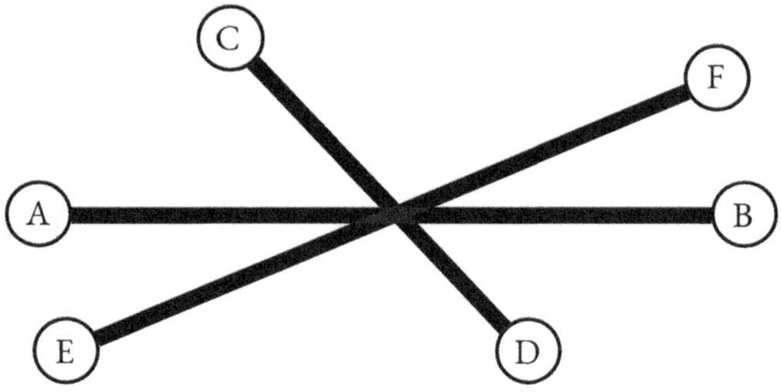

Die Variante 2 hingegen, bei der die Züge, im Prinzip ohne die Fahrtrichtung zu wechseln, immer weiterfahren können, egal wie komplex der Bahnkreis ausgebaut wird, hat im Gegensatz zur Variante 1 (und deren komplexerem Ausbau) topologisch zur Folge, dass leere Räume entstehen (Variante 2a, schematisch):

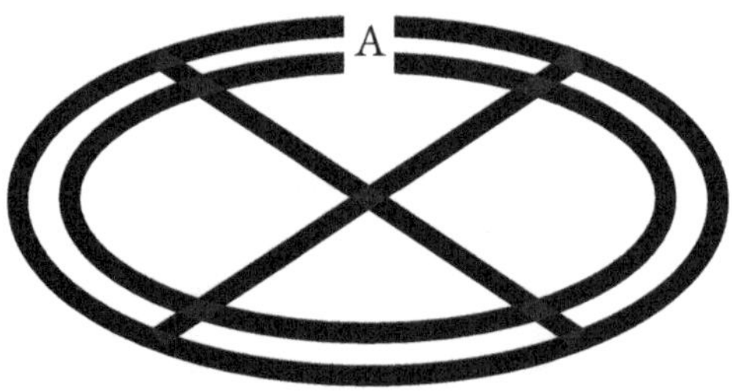

Diese werden üblicherweise mit „Landschaft" gefüllt (Ortschaften, Bahnservice-Anlagen, Gebirgen u. a.). „Landschaft" hat also nicht in erster Linie die Aufgabe, ein Vorbild abzubilden (zumal es oft gar nicht um ein konkretes Vorbild (ein bestimmtes Dorf, einen bestimmten Berg o. a.) geht). Es geht bei der Gestaltung von „Landschaft" immer zunächst darum, den *horror vacui*, die „gähnende Leere", zu beseitigen. Außerdem geht es darum, den Pferdefuß jeder

Modellbahnanlage – dass nämlich die Züge *nicht* in die Ferne fahren, sondern an Ort und Stelle im Raum bleiben – durch Tunnel und Berge zu verschleiern, also Züge verschwinden und anderswo als neue Züge wieder auftauchen zu lassen.[26] Logischerweise folgt daraus: Je kleiner die Anlage, desto wichtiger sind Berge und Tunnel.

Selbstverständlich kann man auch einer Anlage nach Variante 1 beliebig „Landschaft" hinzufügen; der abbildenden Phantasie sind da gar keine Grenzen gesetzt. Aber dabei geht es dann eben nur um fantasievolle Erweiterungen, und nicht um das Ausfüllen einer gähnenden Leere wie bei der Kreisbahn-Variante 2.

Bei der Kreisbahn-Konzeption kann es keine strikte Unterscheidung zwischen Start- und Zielbahnhof geben. Das ist natürlich ein gravierender Unterschied zum großen Vorbild, dessen Sinn es ja gerade ist, voneinander fern liegende Orte miteinander zu verbinden. Dafür entsteht bei der Kreisbahnkonzeption die Eigentümlichkeit, dass alle Züge immer wieder zuverlässig zu ihrem Heimatbahnhof zurückkehren – ohne je eine Rückfahrt antreten zu müssen und egal, wie verschlungen die Wege sind, die sie dabei passieren. Im großen Bahn- und Busverkehr gibt es zwar – vor allem in Ballungsgebieten – die sogenannten Ringlinien, bei denen ebenfalls Start und Ziel identisch sind; aber das ist eine seltene Ausnahme. Für die Konzeption einer Modellbahnanlage ist es hingegen nicht nur die Regel, Ringlinien zu bauen, sondern es ist darüber hinaus charakteristisch, möglichst *verschlungene* Gleisnetze zu konzipieren, damit die Züge einen scheinbar langen und nicht von Anfang an zu überblickenden Weg fahren müssen, bis sie wieder am Ausgangsbahnhof ankommen. Ineinander verschlungene, einander überlappende Kreise und Schleifen zeichnen eine raffinierte Modelleisenbahnanlage aus – und je mehr, desto weniger repräsentiert diese Anlage die ursprüngliche Funktion der Eisenbahn, Lokalitäten zu vernetzen, die sonst füreinander unerreichbar fern gelegen hätten. Das Netz einer Modelleisenbahnanlage hat eine *andere* Funktion als das Netz der großen, der realen Eisenbahn.

---

26 Vgl. dazu aber den Beitrag von Christian Stolz (in diesem Band), der das Bedürfnis nach „Landschaft" als primäres und nicht als sekundäres Motiv von Modellbahnern sieht.

Natürlich kann es an den ineinander verschlungenen Strecken einer Anlage auch *mehrere* Bahnhöfe geben; es kann auch (Neben-)Strecken mit Kopfbahnhöfen geben. Dadurch wird allerdings unmittelbar das Problem *Distanzen* deutlich. Wenn man bei der großen Bahn von einer Minimaldistanz zwischen zwei Haltestellen von etwa einem Kilometer und zwischen zwei Großstadtbahnhöfen von vielleicht 20 km ausgeht, so ergäben sich auf einer H0-Modellbahnanlage Distanzen von ungefähr 11 bzw. 230 Metern. Das lässt sich weder auf einer Wohnzimmer- oder Dachboden-Anlage noch auf einer professionellen Großanlage darstellen. Kaum jemand käme aber auch auf die Idee, eben diese Distanzen vorbildgetreu darstellen zu wollen. Warum nicht? Die Antwort scheint klar: Weil das meiste von dem, was zwischen zwei Bahnhöfen liegt und was man in der Zeit während der Fahrt zwischen zwei Bahnhöfen wahrnehmen und erleben kann, uninteressant ist. Für Modellbahnfans besteht die „Landschaft" zwischen zwei Bahnhöfen aus einigen spektakulären Bauwerken, Naturpanoramen oder typischen Szenen. Das ist natürlich überhaupt nicht vorbildgetreu. Bestenfalls ist es die Nachbildung dessen, was einem in einer realen Landschaft als wesentlich *erschienen* ist. Und selbstverständlich würde eine Dauer (lange Weile) von realistischen mindestens 10 Minuten für die Fahrt eines einzigen Modellbahnzuges zwischen nur zwei Bahnhofs-Stopps die Spielenden langweilen und recht bald in einen anderen Tätigkeitsmodus versetzen.

Was eine Modelleisenbahnanlage nachbildet, ist also nicht die Realität, sondern eine traumhaft geschrumpfte oder gar gänzlich fantastische Realität. Und der Bahnbetrieb, den sie nachahmt, ist überhaupt nicht der reale Bahnbetrieb, sondern ein komplexer und systematischer Bewegungskreislauf von Fahrzeugen auf verschlungenen Wegen. Beides ist durchaus sinnvoll und schön. Das Mimesis-Bestreben – Nachbilden und Nachahmen – ist dafür ein mächtiges Vehikel; aber es ist eben nicht der eigentliche Zweck.

Mastermind: Das Gewimmel von Subjekten als Marionettentheater neu erschaffen

Ein ganz wesentlicher Unterschied zwischen einer Modelleisenbahnanlage und ihrem großen Vorbild ist die Existenz eines Masterminds. Im System der „großen" Eisenbahn ist das Geschehen das Produkt einer Unzahl von handelnden Menschen mit je eigenen Interessen und Motiven. Von denen haben zwar einige wenige zentrale Leitungsfunktionen (mehr oder weniger zentrale); aber auch die scheinbar wenig zentralen Beteiligten bestimmen die Prozesse mit: Z.B. führt das Bahnsteig-Gedränge vor den Waggontüren in Rushhours oder zu Weihnachten zu unkalkulierbaren Verzögerungen im Betriebsablauf; oder die Unachtsamkeit eines Autofahrers führt zu einem Unfall am Bahnübergang, der einen ganzen Regionalfahrplan durcheinanderbringt usw. usf. In (anspruchsvolleren) Modelleisenbahnanlagen hingegen kann dergleichen zwar abgebildet oder simuliert werden – aber eben simuliert und marionettenhaft. Die Fäden der Marionetten werden zentral gezogen – bei kleineren Anlagen von den Menschen an den Schaltknöpfen, bei größeren Anlagen in immer höherem Maße durch programmierbare Automaten. Auch für das Vorbild, die große Bahn, gilt natürlich, dass das Geschehen in erheblichem Maße durch Pläne geprägt ist – aber was auf Bahnhöfen, Strecken, Stellwerken usw. tatsächlich geschieht, hängt auf allen Ebenen davon ab, dass die beteiligten handelnden Menschen dasjenige tun, was sie tun *sollen* oder *erwartbar* tun, und nicht, wozu sie durch ihre Programmierung *gezwungen sind*. Zum Beispiel mag zwar auf einer Modelleisenbahnanlagen-Lokomotive ein lebensecht wirkender Lokführer zu sehen sein – aber ob er gerade einen Hebel falsch betätigt, weil ihn die Sonne blendet, eine Mücke sticht oder weil er plötzlich Durchfall hat, könnte, wenn überhaupt, allerhöchstens als immer wiederkehrendes, nicht aber als kontingentes, unvorhersehbares Ereignis modelliert werden.

Letztlich handelt es sich um den Unterschied zwischen menschlicher Gesellschaft, deren Zukunft prinzipiell offen ist, einerseits, und, andererseits, einer Welt von Dingen, deren zukünftiges Verhalten allein durch ihre innere Struktur und die äußeren Bedingungen festgelegt ist. Theoretisch könnte man diesen Unterschied einebnen, wenn man (Fatalismus: freier Wille ist Illusion) annimmt, dass ohnehin alles

Geschehen von einer Hand gelenkt wird, deren Wille wir nur nicht zu durchschauen oder zu erklären imstande seien, oder aber, wenn man in eine Modellbahnanlage eine große Anzahl selbstlernender und selbstoptimierender künstlicher Intelligenzen einbaut, deren Verhalten nicht vorhersehbar ist und die ihr Verhalten daher auch auf immer wieder überraschende Weise koordinieren. Die erste Theorie ermöglicht bekanntlich keinerlei praktische Konsequenzen; die zweite macht letztlich den mit der Modellbahn spielenden Menschen zum überflüssigen Fremdkörper. Beide sind daher für die Reflexion über die Spezifika von Modellbahnanlagen irrelevant.

Abb. 7: Szenenfoto der Anlage
des Oldenburger Modelleisenbahnclubs Winter 2022 (Privatfoto)

Als ModelleisenbahnerIn sollte man sich bewusst machen: *Ich* lasse Züge fahren unter Bedingungen, die *ich* gesetzt habe. Nachbildung und Nachahmung mögen mich zwar inspirieren; aber sie sind nicht das Entscheidende an der Anlage. Meine Modelleisenbahnanlage konstituiert mich von Anfang an als ihren Mastermind.

Es sind zwei spielerisch dominierte Tätigkeiten, die bei der Modelleisenbahn eine problematische Verbindung eingehen: zum einen das Nachbilden und Nachahmen, zum anderen das Basteln funktionierender Systeme. Der Gegenstand der Mimesis können auch Lebewesen, Gebäude, Vehikel o. a. sein; der Gegenstand des Bastelns von Funktionsanlagen können etwa komplexe Kugelbahnen oder etwa auch komplexe abstrakte Computerspiele sein. Wer in seiner Anlage nur das Abbild der „großen“ Realität sieht und ihren Zweck in der

Vervollkommnung der Ähnlichkeit, verkennt das (sein eigenes) Motiv der Funktionslust, das dem Konstruieren eines Gleisplans und der Planung der darauf möglichen Zugbewegungen zugrunde liegt (die im Grunde nur wenig Ähnlichkeit mit denen der „großen“ Bahn haben). Der Modelleisenbahner ist *Bastler* einer *möglichen* Welt und sollte sich nicht als *Herr* der *wirklichen* Welt in Miniatur empfinden: Darin liegt das Problem. Das Erwägen von Möglichkeiten ist eine Tugend; wenn es zum Eskapismus führt, wird es zum Laster.

Es werde Licht; das Licht scheint in der Finsternis ...

Zu jeder Modellbahnanlage gehört – das ist offenbar selbstverständlich – Licht: Loks, Personenwaggons, Signale, Weichen, Bahnhöfe, Häuser usw: alle müssen beleuchtet sein. Funktional nötig wäre das nicht; denn eine Modellbahnanlage steht eigentlich immer in einem von Tages- oder künstlichem Licht beleuchteten Raum; und selbstverständlich kann man alle Details und alle Bewegungen auf dieser Anlage weitaus besser überblicken, wenn es *nicht* dunkel ist in diesem Raum. Woher dann also das Bedürfnis, Nacht und Finsternis zu erzeugen und darin dann die winzigen Lichtlein erstrahlen und die leuchtenden Züge sich ihre Wege durch das Gleisgewirr finden zu lassen?

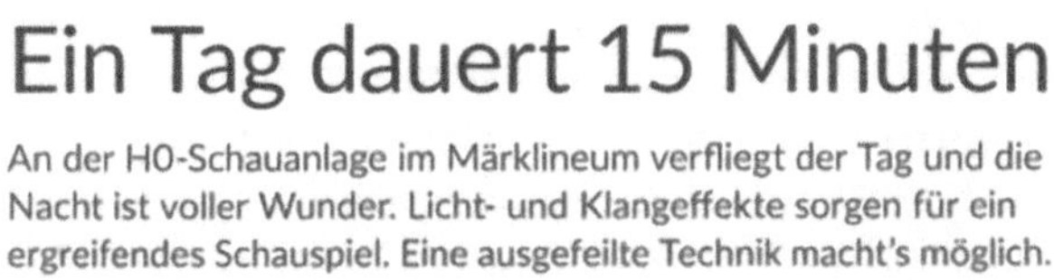
Ein Tag dauert 15 Minuten

An der H0-Schauanlage im Märklineum verfliegt der Tag und die Nacht ist voller Wunder. Licht- und Klangeffekte sorgen für ein ergreifendes Schauspiel. Eine ausgefeilte Technik macht's möglich.

Abb. 8: Märklin Insider News 5/2024, S. 10

Man könnte antworten, eine Modellbahnanlage müsse doch möglichst genau dem großen Vorbild entsprechen; und dort gibt es eben Tag und Nacht, und auch in der Nacht fahren Züge, die vorn und (bei Personenzügen) innen beleuchtet sind und die durch Gegenden fahren, in denen Gebäude und Straßen beleuchtet sind. Das trifft zwar zu und es erklärt, warum Modellbahnanlagen Beleuchtung haben müssen; aber es erklärt nicht, warum die Beleuchtung in Modellbahnanlagen jene große Bedeutung hat, die ihr tatsächlich zugemessen wird. Des Nachts fahren nämlich bei der großen Bahn hauptsächlich Güterzüge und wesentlich weniger Personenzüge als tagsüber. In der Nacht ist es überdies auf weiten Strecken auch tatsächlich stockfinster. Auf den großen kommerziell betriebenen Modellbahnanlagen (und vermutlich auch auf den kleinen privaten Anlagen) gibt es demgegenüber kaum völlig unbeleuchtete Strecken; und es wird nach Möglichkeit regelmäßig alle paar Minuten abgedunkelt, sodass sich die Züge als Lichterschlangen durch übersatt beleuchtete Gefilde fädeln. Wenn es nur um realistische Vorbildtreue ginge, wäre es wohl dringender, diverse Wetterphänomene zu simulieren: Regen, Schneefall, Sturm, Gewitter usw. – aber in dieser Beziehung geht die Modellbahnkonstrukteursphantasie kaum über das Anbringen fest verklebter Schneeeflächen hinaus. (Regen zu simulieren und das Wasser dann wieder aufzusaugen, wäre allerdings technisch nicht ganz einfach, das muss man zugeben.)

Die nächst tiefer liegende Antwort ist sicherlich die, dass der Gegensatz zwischen Dunkelheit und Licht die menschliche Phantasie immer schon angeregt hat – kaum eine Erzählung oder gar ein Film kommt ohne finstere Gänge, Räume oder Nächte aus – und dass es immer schon eine der wichtigsten Aufgaben des menschlichen Geistes war, „Licht ins Dunkel zu bringen“, dort, wo dies nötig war. Bei einer Modellbahnanlage ist aber dies gerade nicht nötig, sondern es muss erst die Finsternis erzeugt werden, damit das Licht sie dann erhellen (sie, wenn schon nicht ganz vertreiben, so doch immerhin ihre Bedrohlichkeit überwinden) kann. Und es ist auch nicht ein einzelner bestimmter Ort, eine bestimmte Situation *auf* der Anlage, die zunächst verfinstert und anschließend erhellt werden, sondern die *gesamte* Anlage, also die ganze Miniaturwelt ist es, die im Finstern liegt und durch die vom Anlagenschöpfer ersonnenen Lichter erleuchtet wird.

Schöpfer und/oder Retter der Welt sein zu wollen: Das wird man gewiss kaum einem Modellbahnbauer unterstellen – nicht einmal, dass er *absichtlich spielt*, als sei er eben dies oder könnte dies sein. Aber tief im *dunklen* Innern mag doch ein entsprechender Wunsch schlummern, der sich in der Begeisterung für die Modelleisenbahn seinen Weg ans *Licht bahnt*, ohne sich dabei dem handelnden Subjekt zu erkennen zu geben.

Modelleisenbahnertum: Bloß „große Jungs"?

Offenbar ist die Modelleisenbahn weit überwiegend ein Spielzeug von Jungen und männlichen Erwachsenen. Zur Erklärung fallen einem sofort einige Gender-Klischees ein[27], es sollte aber mindestens zwischen den verschiedenen einschlägigen Tätigkeiten differenziert werden:

- Zuschauen bei einer bewegten Modelleisenbahnanlage
- Züge über eine Anlage fahren lassen
- Zugläufe auf einer Anlage planen (Fahrdienstleitung ausüben)
- Gleisnetze inkl. Elektr(on)ik für eine Anlage planen
- Landschaften, Städte und Figuren (Menschen, Tiere) für eine Anlage planen („Innenarchitektur")
- Anfallende Reparaturen am rollenden (und allem sonstigen bewegten) Material durchführen

Noch relevanter für die Frage nach der Genderspezifik von Modelleisenbahnertum dürfte eine weitere Differenzierung sein: Auch unter männlichen Menschen ist es nur eine relativ kleine Anzahl, die sich für Modelleisenbahnen begeistern. Genauer: unter denen, die – wie ich – damit aufgewachsen sind, dass es für Jungs üblich und normal war, sich eine Modelleisenbahn zu wünschen, und dass dieser Wunsch auch bei vielen Jungen mehr oder weniger aufwendig erfüllt wurde, gibt es nur wenige, bei denen sich, als sie zu erwachsenen Männern heranwuchsen, daraus eine bleibende Begeisterung für Modelleisenbahnen entwickelte. (Vielleicht werden deshalb Modelleisenbahner als solche gelegentlich auch gern als „große Jungs" betrachtet – also als Erwachsene, die irgendwie in der Pubertät stecken geblieben sind.[28]) Dass die männliche Sozialisation früher (wie wohl oft auch heute noch) eher über Technikspielzeug als über Puppenbeziehungen lief,

27 Eine bitterböse Satire liefert der Film „Liebe, Tod und Eisenbahn" (Fernsehfilm (1989), Regie Gert Steinheimer. Frankfurter Filmproduktion GmbH), in dem eine liebende junge Ehefrau ihrem Mann, der, von Nachbarn angefixt, zum Modelleisenbahn-Fan mutiert, zunächst beflissen nacheifert, um ihn dann aber schließlich per Stromschlag umzubringen und seine Leiche in das Gebirge auf seiner Anlage hineinzumodellieren – nachdem sie feststellen musste, dass seine Liebe zu ihr immer mehr der Liebe zu seiner Modellbahnanlage wich.

28 S. dazu den Dialog Andresen/Januschek am Ende dieses Bandes.

könnte also höchstens erklären, dass *noch weniger* Frauen als Männer von Modelleisenbahnen begeistert sind; aber es könnte nicht erklären, warum die meisten Männer eben keineswegs von Modelleisenbahnen begeistert sind – ohne deswegen unmännlich zu sein. Die Genderfrage müsste also lauten: Warum begeistert sich eine kleine Gruppe von Männern für etwas, das nur sehr wenige Frauen interessiert, nämlich das Erbauen von Modelleisenbahnanlagen und das Basteln an deren Zubehör?

Ihre „Männlichkeit" teilt sich die Modelleisenbahnbegeisterung mit einer Reihe anderer Hobbys wie etwa Autos (insbesondere Oldtimer) und diverse andere Vehikel oder auch Uhren oder andere Geräte, in denen oder durch die etwas auf technischem Wege in Bewegung gesetzt wird.[29] Insoweit entspricht das dem hergebrachten Geschlechterstereotyp, dass Männer sich eher für den Umgang mit Objekten (Natur, Technik, Kalkulieren), Frauen eher für den Umgang mit Ko-Subjekten (Beziehungen, Kommunikation, Pflege) begeistern können.[30] Die zu beantwortende Frage ist also, ob es am Modelleisenbahnertum *über das bloß Technische hinaus* etwas gibt, das (einige) Männer im Gegensatz zu (fast allen) Frauen besonders fasziniert.

Ist es vielleicht das?:

Eine Modelleisenbahnanlage ist prinzipiell unfertig. Das heißt, es gibt nie einen einleuchtenden Grund, warum es nicht sinnvoller wäre, das Schienennetz zu erweitern und auch immer mehr und andere Fahrzeuge darauf fahren zu lassen. Das ist ein wesentlicher Unterschied zu anderen bastlerischen Tätigkeiten, bei denen jeweils ganze fertige Objekte (wieder)hergestellt werden (etwa ein Auto, ein Puzzle oder ein Legobausatz). Bei letzteren Hobbys kann die *Anzahl* der Objekte beliebig vergrößert werden; bei der Modelleisenbahn hingegen muss die Anlage ohne Ende *erweitert* werden (mit dem unerreichbaren impliziten Idealziel, die ganze Welt als funktionierendes Ensemble nachzubilden).

---

29 Kalla (2016) führt das auf die Männlichkeitserziehung im 19. Jahrhundert zurück.

30 Stonies (2016) beschreibt dies anhand der teilnehmenden Beobachtung eines Modellbahnervereins. Vgl. dazu auch den Essay von Melina Manthey (in diesem Band).

Und: Eine Modelleisenbahn ist komplex. Die Vorgänge auf ihr beeinflussen einander wechselseitig, und zwar umso mehr, je größer die Anlage ist. Entsprechend erfordert ihre Steuerung große Übersicht und kann in manchen Fällen nur hochkomplexen Automaten oder gar KI überantwortet werden: Einen der Züge auf dem jeweils gewünschten Weg kollisionsfrei über das Schienennetz zu steuern wird zur anspruchsvollen Aufgabe, sobald die Anlage über das Stadium konzentrischer Schienenkreise hinaus ist und Weichen, Kreuzungen, Schleifen, Abstellgleise usw. enthält. Je größer das Netz, desto anspruchsvoller. Das ist ein entscheidender Unterschied gegenüber Miniaturmodellen von Puppenhäusern, Städten oder Landschaften, die zwar ebenfalls beliebig erweitert werden können, die aber im Prinzip statisch sind, und für die bewegte Figuren, Karussells, Fahrzeuge bis hin zu Schiffen oder gar Flugzeugen nicht mehr als mehr oder weniger spektakuläres Beiwerk sind.

Das Erschaffen einer zu immer weiteren Ergänzungen drängenden Welt, deren Steuerung mit ihrem Wachstum immer größere Herausforderungen stellt. Modelleisenbahnertum kann in diesem Sinne zu Eskapismus werden – obwohl es sich eben doch auch als Einübung in die Bewältigung komplexer sozialer Verhältnisse eignet.

Fazit

Auf einer Modelleisenbahnanlage jene kleinen Züge fahren zu lassen, die so aussehen wie die „große“ Eisenbahn, kann faszinieren und Spaß machen. Das stimmt, ist aber nur ein kleiner Teil der Wahrheit. Denn wenn die Züge immer die gleichen Kreise ziehen und man höchstens ihre Geschwindigkeit verändern kann, wird es schnell fad. Einen weitaus größeren Anteil an der Faszination und dem Spaß haben das Konzipieren und das Gestalten einer Anlage, und zwar umso mehr, je komplexer diese Anlage und die auf ihr möglichen Bewegungen sind. Das sind anspruchsvolle und mit viel Versuch und Irrtum verbundene und keineswegs in jedem Moment lustvolle Tätigkeiten. Und auch das Fahrenlassen der Züge selbst macht umso mehr Spaß, je mehr Fahrwege es gibt und damit auch je mehr Unfallmöglichkeiten, die man durch geschickte Technik und aufmerksame Steuerung zu vermeiden bestrebt ist.

Die Begeisterung für die Modelleisenbahn hat also etwas mit Basteln und Ingenieurkunst zu tun, geht aber auch noch darüber hinaus: Man denkt sich in ein komplexes System hinein, an dem mehrere oder gar viele „Spieler" („Player") beteiligt sind. Bitteschön!

Friedrich Schiller hat seine theoretischen Überlegungen unter anderem in die bekannte These münden lassen, der Mensch sei nur dann ganz Mensch, wenn er spielt. Gemeint ist, dass man den übergeordneten Zweck seines Tuns innerlich sozusagen probeweise suspendiert und dieses Tun, es sozusagen wohlgefällig von der Seite betrachtend, als *mögliches* Tun praktiziert, zu dem es Alternativen gäbe. Lustgewinn und Anstrengung widersprechen einander hierbei nicht, sie gehören auch nicht nur beide dazu, sondern sie bedingen einander wechselseitig. Man kann das Konzipieren, Gestalten und Betreiben einer Miniatur-Modelleisenbahnanlage in diesem Sinne betrachten.[31]

Literatur

Erdmann, Margaux Jeanne (2016): Wenn die Modelleisenbahn zur Modell-Eisenbahn wird: Männliche Idyllvorstellungen im Maßstab 1:1. In: Hörz, Peter F. N. (Hg) (2016): 157-175.

Elle, Johanna Marie (2016): Interkulturelle Inszenierungen auf der Pressspanplatte: Modelleisenbahnbastelei als Integrationsprojekt. In: Hörz, Peter F. N. (Hg) (2016): 177-191.

Hörz, Peter F. N. (Hg) (2016): Eisenbahn Spielen! Populäre Aneignungen und Inszenierungen des Schienentransports in großen und kleinen Maßstäben. Göttinger Studien zur Kulturanthropologie/Europäischen Ethnologie Bd. 3. Göttingen (Universitätsverlag)

Hörz, Peter F. N. (2016): Eisenbahn Spielen! Eine Einführung. In: Hörz, Peter F. N. (Hg) (2016): 7-26.

Hörz, Peter F. N./Susanne Klenke (2016): Sehnsuchtsorte: Eisenbahnlandschaften in kleinen Maßstäben. In: Hörz, Peter F. N. (Hg) (2016): 109-156

Huizinga, Johan (2022) (niederl. Original 1938): Homo Ludens. Vom Ursprung der Kultur im Spiel. Reinbek (Rowohlt).

---

31 Die landläufige Vorstellung, Spielen sei charakteristisch für das Verhalten von *Kindern*, ist mindestens irreführend oder gar ganz falsch, siehe dazu schon Huizinga (2022 bzw. 1938), der den Begriffen *homo sapiens* und *homo faber* den *homo ludens* an die Seite stellt.

Kalla, Charlotte (2016): Spur und Spiel: Die Eisenbahn als Spielzeug im 19. und 20. Jahrhundert. In: Hörz, Peter F. N. (Hg) (2016): 49-64.

MacGregor, Neil (2011): Eine Geschichte der Welt in 100 Objekten (engl. 2010), München: Beck.

Müller, Elisabeth (2016): Aufgeschnitten, bewegt, in Szene gesetzt: Eisenbahnmodelle im Museum. In: Hörz, Peter F. N. (Hg) (2016): 65-84.

Rieken, Bernd (2016): Eisenbahn und Modelleisenbahn: Homo faber trifft Homo ludens. In: Hörz, Peter F. N. (Hg) (2016): 27-47.

Schäfer, Anna (2016): Die Kleinbahn im Kopf: Erinnerungen zwischen Göttingen und Duderstadt. In: Hörz, Peter F. N. (Hg) (2016): 85-108.

Schivelbusch, Wolfgang (1977): Geschichte der Eisenbahnreise. Zur Industrialisierung von Raum und Zeit im 19. Jahrhundert. München/Wien (Hanser).

Seifert, Manfred (2016): Wellenreiter im Alternativformat: Zu Strukturen und Perspektiven der aktuellen Eisenbahnbegeisterung. In: Hörz, Peter F. N. (Hg) (2016): 211-228.

Stonies, Laura (2016): „Unsere Frauen kümmern sich dann eher um das leibliche Wohl...“: Hegemoniale Männlichkeit im Eisenbahnverein. In: Hörz, Peter F. N. (Hg) (2016): 193-209.

Spinnen, Burkhard (1998): Modelleisenbahn. Kleine Philosophie der Passionen. München: dtb.

Väterlein, Christian (1985): Eisenbahnspielzeug. Die Schienenwelt im Kleinen. In: „Zug der Zeit – Zeit der Züge. Deutsche Eisenbahn 1835-1985 Bd. 2 (hg. v. Eisenbahnjahr Ausstellungsgesellschaft Nürnberg) (Siedler Verlag), 600-615.

„Liebe, Tod und Eisenbahn“, Fernsehfilm (1989), Regie Gert Steinheimer. Frankfurter Filmproduktion GmbH.

„Ein Tag dauert 15 Minuten“, in: Märklin Insider Club News 05/2024, 10-13.

Stefan Fränzle

Modellfahrzeuge/-eisenbahnen in historischer Sicht

Zum Ausgangspunkt dieser technik- und kulturhistorischen Überlegungen: Der Autor dieser Zeilen arbeitete in den 1990er Jahren in einer Arbeitsgruppe am Umweltforschungszentrum Leipzig/Halle (Regionale Zukunftsmodelle; Leitung: Prof. Dr. Wolf-Dieter Grossmann). Wir haben uns dabei lange und intensiv mit der Frage beschäftigt, welche Innovationen sich in der Entwicklung der seit etwa 1700 (den Anfängen der atmosphärischen Dampfmaschine) global vernetzten und synchronisierten Wirtschaft durchgesetzt haben und für die weitere Entwicklung tragend wurden. Dabei gewonnene Feststellungen lassen sich auch auf den spielerischen Bereich ausdehnen, aber müssen wir das überhaupt? Was war hier Henne und Ei? Die Spielzeug- oder Modelllok unter dem Weihnachtsbaum stellt kein Larvenstadium einer „echten" Lok dar, keine Reproduktion eines etwaigen Prototypen, aber dennoch besteht eine historische Beziehung zwischen groß und klein und ist einer genaueren Betrachtung wert.

Modelleisenbahnen – wie alle beweglichen Modelle (in Abgrenzung etwa zu reinen Standmodellen von Segelschiffen, Gebäuden oder Modellen der Molekülstruktur) – sind *Maschinen*. Man kann an Maschinen ganz allgemein unterschiedliche (Funktions-)erwartungen haben und Fragen stellen; diese Überlegung betrifft auch die spezifischen Probleme der Modelleisenbahn:

Maschinen können (u. a.)

1. Etwas bewirken (Verkehrsmittel, Waffen, Kommunikationsgeräte, Werkzeuge bis zu CAD/CAM-Maschinen oder 3D-Druckern, etc.)
2. Etwas nachbilden (wie die Modelleisenbahn) oder
3. Abbilden (Kameras, Mikroskope und Spektrometer im weitesten Sinne)
4. Prototypen für Kleineres oder Größeres sein
5. Ungewöhnliche Problemlösungen aufzeigen und realisieren (wie die Flugobjekte bei der Inter-Ex[1])

---

1 Jährlich abwechselnd in Deutschland, Frankreich, den Niederlanden und der Schweiz stattfindende Modellflugschau, bei der die Kreativität der

6. Einfach Freude machen (Musikinstrumente aber auch die bewusst als zweckfrei konzipierten Maschinen eines Jean Tinguely [1925-1991])

Das spannt das Koordinatensystem von Motiven auch für den Bau und das Spiel mit einer Modelleisenbahn auf. Historisch haben sowohl Künstler (Leonardo da Vinci, Jean Tinguely) als auch Ingenieure (etwa Gustave Trouvé) sich mit fortschreitendem Alter mehr und mehr der zweckfreien Maschine zugewandt, der reinen Faszination der Problemlösung, mitunter sogar, ohne den praktischen Nachweis zu erbringen, dass es funktioniert oder irgendwas anderes bewirkt als Zeichnungen, Töne oder die Bewegung kleiner Objekte auf neue Weise.

Abb. 1: Typisches Mikromodell auf 1 €-Münze (Durchm. der Münze 2,325 cm); die Lokomotive ist also weniger als 2 cm lang. https://de.wikipedia.org/wiki/Datei:D_VI_TGauge.png

---

Konstruktion und auch der Antriebsweise bis an den Rand der Flugfähigkeit im Zentrum des Strebens steht: Manches hebt nicht ab, manches stürzt auch ab, aber man staunt schon bei Standbildern, was alles fliegen kann und welche Gedankengänge im Hintergrund stehen…

Beim Verkleinern stößt man dann an physikalische Grenzen, die daraus folgen, dass sich etwa Motoren, aber auch von Fluiden umströmte Körper plötzlich völlig anders (und meist ineffektiver) verhalten als die größeren Vorbilder, abgesehen davon natürlich, dass extrem kleine Modelle auch einfach fragil sind. Die Modelleisenbahn stellt gewissermaßen eine Verschiebung von Punkt 1 nach 2, 4, und 6 dar, wobei die Herausforderung für den Ingenieur wie auch der Spielwert eine Funktion der Akzentverschiebung sind. Die aktuelle Untergrenze liegt bei einer Spurweite von 3,0 mm (entspricht dem Maßstab 1:480), wobei sowohl Dampf als auch elektrisch getriebene Versionen existieren, die jedoch alle nicht mehr sehr vorbildähnlich sind:

Die Geschichte der Modelleisenbahn auch hinsichtlich der Skalierung (hier im Vergleich zu anderen verkleinerten Fahrzeugen und Antrieben betrachtet) ist von den typischen Fragen der Technikgeschichte geprägt, als da z. B. sind:

- Welche Funktion soll das Gerät/Verfahren erfüllen – Vorstufe, Prototyp für etwas Größeres, das etwa im Verkehrswesen, Bergbau oder der allgemeinen Daseinsvorsorge (von Erntegeräten bis zur Raumheizung) eingesetzt werden soll oder
- Nachbildung von bereits Existierendem, Größerem, aus kulturellgeschichtlichen Gründen oder einfach zur Freude?
- Welche Materialien sind unter Berücksichtigung von Gewicht, Preis, Korrosionsbeständigkeit und allgemeinen physikalischen Eigenschaften wie elektrischer Leitfähigkeit zu einem gegebenen Zeitpunkt überhaupt in eine Technologie integrierbar, und welche Alternativen existieren gegebenenfalls[2]?

2 Daraus kann folgen, dass bei Maßstabsänderungen völlig andere Techniken bzw. Materialien eine Rolle spielen (können oder müssen): der Modelldieselmotor (adiabatisch arbeitender Zweitakt-Selbstzünder, dessen Treibstoff überwiegend Diethylether ist) ist niemals in einem „großen“ Flugzeug eingesetzt worden, von der Eisenbahn übernommene Dampfmaschinen und Elektromotoren erst nach langwieriger Weiterentwicklung dieser Antriebsformen (mit größerem Erfolg – über die Minimalkriterien Eigenstartfähigkeit, Steuerbarkeit und längere Flugstrecke hinaus – zuerst Besler 1932 [Dampfm.] bzw. Brditschka 1973 [elektrisch angetriebener Motorsegler]). Zur technisch-physikalischen Grenze der Miniaturisierung von Dampfmaschinen und Elektromotoren im Modellbahnbau s. u.

- Einen Sonderfall bilden natürlich kulturelle Innovationen, in denen Traditionen, die Orientierung an überlieferten Darstellungskonzepten oder die Abbildung des Vorfindlichen in der Malerei bzw. Musik bewusst gebrochen werden (abstrakte Malerei, Jazz).

Womit wir es bei der Modelleisenbahn zu tun haben, ist also noch zu klären. So viel vorweg: in unterschiedlichen Entwicklungsphasen änderte sich deren Rolle auch nach Maßgabe der Vermarktbarkeit, aber ebenso bis zur Unrentabilität und der folgenden, teils wiederholten Insolvenz von Herstellern hoch gehaltener Prinzipien der Abbildung. Mit Jazz oder Expressionismus hat das also eher nicht zu tun, auch wenn die 1920er Jahre auch für die Modelleisenbahn eine gewisse Bedeutung hatten.

Fahrzeuge im weitesten Sinne sind dabei Objekte, deren Funktionsmaßstab durch die Größe von Menschen mitbestimmt wird, während Innovationen bei der Chemie (neue Reaktionen, chemische Prozesse, analytische Verfahren) oder Informationsverarbeitung gewissermaßen die nanoskopische Dimension der eigentlichen Prozesse, die (dann) von der Quantenmechanik bestimmt werden, umhüllen. Das Modell kann also Vorläufer Mann tragender neuer Technologien sein, seine Verkleinerung und der Ausschluss eines oder mehrerer Insassen aber auch dem Schutz von Menschen dienen (Tauchroboter, zivile und militärische Drohnen, Raumsonden etc.). Das klärt natürlich noch nicht die Frage, wie das alles angefangen hat, nicht psychoanalytisch, sondern historisch oder: gibt es einen Schöpfungsmythos der Eisenbahn, wie wurden die kleinen Eisenbahnen schließlich groß (oder war erst das Original und dann das Modell da)?

Dass die Kraftübertragung auf einfach kreisrunde Räder tatsächlich funktioniert (in groß), war freilich schon seit 1813 bekannt (Kopie der „Puffing Billy“ im Deutschen Museum München, Abb. 2)

1859 wurde dem Sohn Kaiser Napoleons III. ein Eisenbahnspielzeug unbekannter Antriebsform geschenkt, aber es existieren starke Hinweise darauf, dass bereits der Eisenbahnpionier Matthew Murray mit Modellen experimentiert hat, noch bevor er die neu entwickelten Gussstahlschienen und Doppelzylinderdampfmaschinen 1819 zu einem großen, Personen und Fracht befördernden Objekt vereinte. Murray starb am 20. Februar 1826, damit wäre jedenfalls der *terminus ante quem* gegeben. Aber (auch?) die elektrische Modelleisenbahn

Abb. 2: Puffing Billy: 6 t schwer, Höchstgeschwindigkeit 9 km/h.
https://de.wikipedia.org/wiki/Datei:Puffing_Billy_steam_engine.JPG

hat ähnlich alte Wurzeln, gleich nachdem 1821/22 die ersten Vorläufer von Elektromotoren von Faraday und Barlow vorgestellt wurden, wie wir sehen werden. (Elektromotoren nennenswerter Leistung [mehrere hundert Watt] wurden dann allerdings von Jacobi „erst" 1834/35 entwickelt und zunächst in – tatsächlich Personen befördernde – Boote und Straßenfahrzeuge eingebaut). Genau deshalb können wir sicher sagen, dass zumindest für die elektrische Eisenbahn das Modell am Anfang der Entwicklung stand: Vor 1826 gab es nur Elektromotoren mit minimaler Leistung (mW-Bereich und darunter), während Dampfmaschinen zur Zeit der Entwicklung der ersten großen Dampfloks (um 1813) bereits Leistungen von Dutzenden kW erbrachten, natürlich bis hinunter zum Modell(antriebs-)bereich.

Die erste Notiz über ein kommerzielles Angebot einer elektrisch betriebenen Spielzeugeisenbahn findet sich in einem Brief von Karl Marx, der 1850 beschreibt, eine solche im Schaufenster eines Londoner Geschäfts gesehen zu haben (Kutschera 1998[3]). Angesichts des Zeitpunkts – weit vor Aufbau eines Stromnetzes – ist davon auszugehen, dass dieses Modell die Batterie analog einem Dampfloktender mitführte. Es hat sich mit Sicherheit um eine Einwegbatterie gehandelt; Akkus wurden erst etwa zehn Jahre später entwickelt. Märklin stellte übrigens 1937 die Produktion von Echtdampf(modell-)lokomotiven ein.

Hinsichtlich der denkbaren bzw. ca. 1830 verfügbaren Antriebstechniken, als da wären

- Dampfmaschine
- Atmosphärischer (Flammenfresser) bzw. direkt wirkender (Stirling) Heißluftmotor,
- Tiere im Laufrad bzw. Zugzaum
- Elektromotor
- Federwerke ähnlich denen in den späteren Armbanduhren[4]

3 Das Originalzitat war nicht aufzufinden, da der Briefwechsel von Marx bislang nur für 1866 bis zu seinem Tode 1883 vollständig ediert und digitalisiert vorliegt.

4 Leonardo da Vinci hatte den Federwerksantrieb sogar für ein Auto vorgesehen. Das funktioniert wirklich, die Reichweite betrug allerdings nur etwa 5 m, dann musste wieder gekurbelt werden. Bis nach dem zweiten Weltkrieg

für eine kleine Schienenbahn (der Begriff Modell ist hier historisch problematisch, da ja die große Vorlage noch nicht existierte) besteht ein wesentlicher Unterschied: die technische Machbarkeit und Richtung der Umskalierung: Dampf und Tiere (Pferdegöpel u. Ä.) waren in großen Anlagen eingesetzt worden, während Heißluft- und Elektromotor noch am Anfang ihrer Entwicklung standen und es daher nahe lag, erst mal klein anzufangen und zu sehen, wie gut das funktioniert, ähnlich wie später bei der Entwicklung angetriebener Flugmaschinen.

Im Anfang jedenfalls war (in unserem sprachlichen Bewusstsein) das Wort, als hätte man sinnvoller Weise nie etwas anders als Eisen (oder vielleicht Leichtmetalle) für den Schienen gebundenen Verkehr nehmen können, wie Begriffe/Begriffsverknüpfungen wie *Eisen*bahn (dt.), chemins de *fer* (fr.), *ferro*vie (it.), caile *ferate* (rumänisch) oder *järn*vagar (schwedisch) anzudeuten scheinen. Das gilt freilich genau dort nicht, wo die Eisenbahn erfunden wurde, also nicht für das Englische, ebenso wenig in den slawischen Sprachen; česke drahy (tschechisch) z. B. hat etymologisch nichts mit želesn [Eisen] zu tun, das polnische koleje heißt einfach „Zug" ebenso ohne jeden Verweis auf Antriebstechniken oder verwendete Materialien.

Es gibt Menschen, die Flugmodelle konzipieren, bauen und testen, um später eine vergrößerte Version davon selbst zu fliegen, nicht anders als es im 19. Jahrhundert der Fall war, aber auch solche, die dadurch etwa beim Kunstflug einzugehende persönliche Risiken meiden. Der durchschnittliche mit einer Modelleisenbahn Spielende oder Umgehende wird weder später selbst einen Zug bauen wollen (ob er früher einmal vielleicht Lokführer hatte werden wollen, ist eine andere Frage) noch versuchen, Risiken wie Dampfkesselzerknallungen[5] oder den Umgang mit elektrischer Hochspannung zu vermeiden.

---

wurden Modelleisenbahnen produziert, die diese Antriebstechnik nutzten. Ihre volle, meist weit unterschätzte Leistungsfähigkeit beweist der Umstand, dass fast alle der frühesten *Eigenstart fähigen* Flugzeug- und Helikoptermodelle aus der Zeit zwischen 1860 und 1880 diese Antriebstechnik nutzten, auch wenn die Flüge dann weniger als eine Minute dauerten.

5 Man spricht zwar hier häufig von „Explosionen", doch sind die Letztere definitionsgemäß Ereignisse, bei denen eine chemisch (Sprengstoff) oder nuklear (Supernovae und andere Sternexplosionen) erzeugte Reaktionsfront schneller läuft als der Schallgeschwindigkeit im reagierenden Medium

Um Fehlprägungen bei den hoffnungsvollen Kleinen zu vermeiden, verkehren (bekanntlich) keine Modelleisenbahnen in Kreißsälen. Dieses Manko macht der stolze Vater – ob bei der Entbindung anwesend gewesen oder nicht – gerne dadurch wett, dass er dem Baby (jedenfalls behauptet er das) zum ersten Weihnachtsfest eine Modelleisenbahn schenkt (ich spreche aus eigener Erfahrung [als Sohn; 1961]). Später dann denken die (insbesondere männlichen) Kinder etwas größer, nicht unbedingt was die Modellbahnanlage angeht, sondern es erscheinen die klassischen Berufsträume, in wechselnder Reihenfolge und Intensität bewusst werdend und geäußert, als da typischer Weise sind: Lokführer, Astronaut und Fußballprofi. Erfahrungsgemäß klappt das alles nicht, und nicht jeder verhinderte Lokführer kann Vorsitzender der betreffenden Gewerkschaft werden und so seine Großmachtphantasien konkretisieren oder sublimieren, und so kommt neben Silvesterfeuerwerk (betr. Raumfahrt) und Stadionbesuch oft auch die Modelleisenbahn irgendwann wieder zu Ehren, jetzt natürlich als Gadget, das mit der Miniaturisierung der Träume Schritt hält und diese zugleich kompensiert. So mancher Politiker übersetzt vor laufenden Fernsehkameras das Selbstverständnis des Großen Steuermanns in den Maßstab 1:87 oder 1:160 – Horst Seehofer war nicht der Einzige.

Gab es Spielzeug bereits in Höhlen? Die Idee, spielend etwas hinter sich herzuziehen (auf Schienen oder ohne diese), wie es als reale Arbeit etwa in Grubenloren von Kindern (wegen ihrer Kleinheit in flachen Flözen) praktiziert wurde, ist wohl (zum Entsetzen unterschiedlicher Primatenmütter) sehr alt: Junge Schimpansen wurden dabei beobachtet, wie sie Schlangen am Schwanz hinter sich herzogen. Für den Weg vom Steintransport z. B. nach Stonehenge auf hölzernen Rollen zur Modelleisenbahn fehlten (mindestens) vier noch zu entwickelnde Dinge:

- die Reduktion der Rolle zum Rad mit Achse (war zuzeiten von Stonehenge mancherorts bereits passiert),
- die Schaffung einer passenden Fahrspur (das materialtechnisch größte Problem),

entspricht und sich daher extreme Drücke aufbauen. Die Kinetik einer Dampfkesselzerknallung dagegen ist grundsätzlich langsamer als die Schallgeschwindigkeit im heißen Wasserdampf.

- ein mechanisch-motorischer Antrieb (an Stelle von Zugtieren) und
- der Wille, die Größenordnung der gefundenen Lösung(en) und damit tendenziell ihren Zweck zu verändern – in welche Richtung, werden wir sehen.

Sind demnach Modelleisenbahnen historisch abgeleitet oder vielmehr Vorläufer dessen, über dessen (mangelnde) Pünktlichkeit wir uns zu ärgern pflegen? Der Begriff Modell ist da nicht eindeutig, er kann auch Prototyp bedeuten, ist also in keinem Falle falsch gewählt, selbst wenn es noch nicht darum gehen konnte, ein großes Vorbild in Aussehen, Antriebsweise etc. zu kopieren: während bei Scale-Flugmodellen nur das Wettbewerbsreglement [Maximalgewicht 20 kg beim Start] und allfällige Zulassungskriterien den Trend zu Modellmaßstäben → 1:1 noch bremsen, werden bei der Modelleisenbahn die Maßstäbe tendenziell immer kleiner, um auch sehr umfangreiche Anlagen noch in einem Keller oder einer Halle unterbringen zu können. Ein grundsätzlicher Unterschied ist: Fahrzeuge in einem Maßstab 1 : 100 oder so, die sich zudem langsamer bewegen (fast maßstabsgerecht), einschließlich Modelleisenbahnen verhalten sich nicht fundamental anders als größere Modelle, während man Flugobjekte generell so nicht bauen kann, weil sie viel zu leicht sein müssten und zudem strömungsphysikalisch bedingt völlig andere Flügelformen brauchen würden (eine Ausnahme: das bislang kleinste, nur etwa 1g schwere ferngesteuerte vorbildähnliche Flugmodell).

Dass man eine Bahn vor etwa 1820 eben nicht ohne Weiteres auf einer Eisenschiene fahren lassen konnte, lag anders als damals von manchen Pionieren angenommen, nicht daran, dass für eine vernünftige, Schlupf freie Traktion auf glattgeschliffenem Eisen eine Lokomotive Beine brauche. Dennoch verhinderten die Materialeigenschaften der (spröden) vor gut 200 Jahren verfügbaren Eisenlegierungen, dass man von den hölzernen Schienen unter den leichten Bergwerksloren auf Eisenschienen wechseln konnte, die eine Dampflok und angehängte Wagen im Gesamtgewicht von einigen Tonnen trugen, ohne ständig zu brechen. Damit begann der Ärger, der Leute neben kleinen Brötchen eben auch kleine Eisenbahnen backen ließ. Kleine Dampfmaschinen gab es schon länger, auch Watt und vor ihm Newcomen, Savery und Papin hatten ja mit Modellen angefangen, und geringe Kräfte auf Eisen-, Bronze-, Kupferschienen sind leicht zu handeln, zumal in die

Modellloks Batterien (Volta-Säulen) ganz ähnlich Kohletendern eingebaut wurden[6].

Im Modellbau oder der Konstruktion von Prototypen ist Folgendes zu beachten: Bei fortschreitender Verkleinerung bestimmter Objekte ändern sich physikalische Parameter so weit, dass etwa Antriebsmechanismen nicht mehr gleichartig funktionieren. Verbrennungsmotoren und Dampfmaschinen mit einer Zylinderbohrung ≈ 1 mm stellen wohl das realisierbare Minimum dar; Elektromotoranker müssen etwas größer sein. Das begrenzt die erreichbaren Modellmaßstäbe zum Kleinen hin auf etwa 1:500, wenn man die Normalspur von 1,435 m[7] zu Grunde legt (Mikrospur T-Gauge für Modelleisenbahnen [3,0 mm Spurweite], vor allem in Japan gebräuchlich).

Schiffs- oder Flugmodelle unterliegen zusätzlich prinzipiellen Änderungen der Strömungsphysik in fluiden Medien, wenn man sie immer kleiner macht (Insektenflügel unterscheiden sich in ihrer Form/Profilstruktur von „größeren" Tragflächen; bei den kleinsten Insekten sind es eher „Bürsten") während man Modellautos von molekularen Dimensionen gebaut hat und grundsätzlich auch ähnlich winzige Modelleisenbahnen denkbar wären. Man kann/könnte allerdings noch kleinere Modelle bauen, wenn man den Antrieb ganz oder partiell – ähnlich dem Prinzip der Magnetschwebebahn – in die Fahrtrasse verlegt (s. u.), etwa in der Nutzung des selbst bereits > 200 Jahre alten und auf die Vermutung, glatte runde Räder würden auf einer glatten Metallschiene keine nutzbare Traktion erbringen, zurückgehenden Prinzips der Zahnradbahn.

Erinnert sei hier aber auch an die japanische Tradition und Kunst, ganze Texte – Haikus und längere – *handschriftlich* auf einem Reiskorn niederzulegen, wo sie dann nur mit einem Mikroskop lesbar sind. Entsprechend könnte man sagen, dass – entsprechende Antriebstechnik

---

6 Auch Siemens' (1879) einer modernen Gruben- oder Höhlenlokomotive ähnelnde kleine Mann tragende Elektrolok hatte den Akku noch eingebaut, und bei modernen Triebwagenzügen für den von Oberleitungen unabhängigen Regionalverkehr kehrt man zu diesem Prinzip bzw. Wasserstoff nutzenden Brennstoffzellen zurück, mit unterschiedlichem Erfolg.

7 Die insbesondere in Russland, Belarus, Kasachstan usw. gebräuchliche Breitspur sind 66 Zoll = 1,6764 m.

vorausgesetzt – auch eine Modelleisenbahn nicht unbedingt mehr mit bloßem Auge sichtbar sein muss. Vorbilder dafür bei Wagen gibt es bereits: Autos mit molekularen Dimensionen, die über die Abtastspitze eines Rastertunnelmikroskops sowohl beobachtet als auch angetrieben werden:

Abb. 3: Nanomobil von Ben Feringa (2011, Chemienobelpreis 2016) und Mitarbeitern: fährt bei – 266°C auf einer Kupferoberfläche (hier: gelb[8])

Wie klein kann man Motoren machen? Sehr kleine Elektromotoren bergen das Problem, das mit den möglichen Strömen und Rotorradien auch das elektromagnetisch erzielbare Drehmoment sehr klein wird, bis irgendwann nichts mehr angetrieben werden kann, zumindest nicht über eine Rotationsbewegung. Ähnliches gilt für Dampfmaschinen, Stirlingmotoren oder Zweitaktmotoren: die vom Gas auf den Zylinder ausgeübte Kraft konkurriert mit der Adhäsion des Schmieröls entlang der Kolbenwand. Steuerung und Regelung sind beim heutigen Stand der Technik wohl nicht mehr limitierend für einen Versuch, immer kleinere Modelleisenbahnen zu bauen. Zwischen Molekül- und

8 Die Einfärbung von (dabei als einzelne erkennbaren) Atomen bei rastertunnelmikroskopischen Bildern ist willkürlich; sie spiegelt einfach unterschiedlich große Distanzen zur Elektrodenspitze wider, damit verschiedene Atomradien und Positionen (ggf. über (hier der Wagen) und in/dicht unter der Materialoberfläche).

Münzgröße ergibt sich ein neues Spielfeld für Modellbahnen mit ungewöhnlichen Antriebsformen; etwa durch Magnetostriktive Legierungen als Zahnriemenvorstoß oder die elektrochemische Gasdruckmaschine, die an der Uni Twente (NL) entwickelt wurde und auf der Elektrolyse von Wasser basiert:

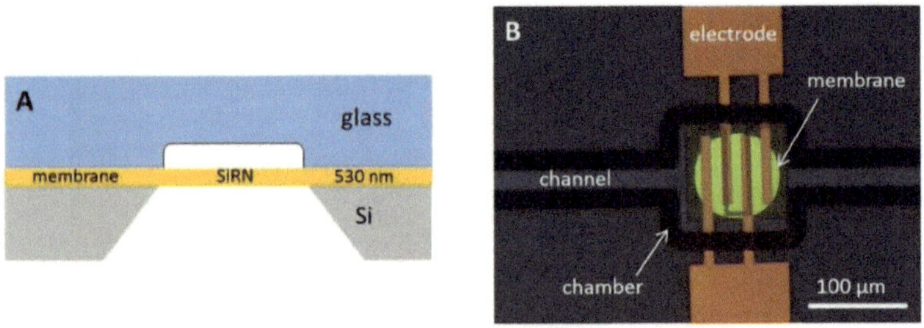

Abb. 4: Elektrochemischer Gasdruckmotor

Sogar der Transrapid könnte in diesem Größenbereich Vorbild werden, indem nämlich ferromagnetische Partikel (Nd2Fe14B) in Schläuchen mit Weichen und Ventilen unter einer ebenfalls ferromagnetischen Modelleisenbahn hydraulisch bewegt werden, als Pendant zum Wanderfeld-Linearmotor. Die Mikrobahn braucht also nicht mit Insekten o. Ä. nach dem Muster eines Flohzirkus zu laufen.

Die kleinsten realisierten Echtdampfloks gehören der Spur T an; die Dampfmaschine und der Kessel sind mithin nur wenige mm groß. Es handelt sich dabei um Konstruktionen aus jüngster Zeit: Anfang der 1970er Jahre hat der australische Professor für mechanische Antriebe an der Uni Sydney, Arthur Sherwood, Dampflokmodelle mit nur 3 mm Spurweite gebaut.

Die kleinsten haben ebenfalls 3,0 mm Spurweite; die Dimensionen von Kessel und eigentlicher Dampfmaschine sind hier gut erkennbar. Die Untergrenze für den Durchmesser wenigstens halbwegs effektiver (Wirkungsgrad noch 20-25%) Elektromotoren liegt im gleichen Bereich:

Der Elektroantrieb und das Schienenmaterial der ersten Modellbahnen war also technisch nicht zwingend oder „alternativlos“, sondern

Abb. 5: Sherwoods kleinste Echtdampflok. Foto aus Internet

den Neigungen von Pionieren des Elektromotors wie der Modellbahn wie dem italienischen Pfarrer dal Negro (s. u.) geschuldet. Zurück also zum Holz und zum Dampflokmodell? Die wenig belasteten Metallschienen von Modelleisenbahnen ermöglichen es dann allerdings auch, die Stromversorgung einer Elektrolok über diese zu realisieren. Zwar konnten jetzt keine Explosionen oder Dampfverbrühungen mehr auftreten, dafür wurden diese Modelle (zumindest) für Kleinkinder erst recht zu gefährlich: bis 1926 (!) war es noch zulässig, solche Modelleisenbahnen mit der vollen Netzspannung zu betreiben. Die älteste überlieferte Filmaufnahme (Dezember 1895), die länger als ca. 1 s dauert, zeigt eine in einen französischen Bahnhof einrollende Eisenbahn, und sehr bald schon – da die ersten Filmemacher (die Lumières, die Skladanovskys, Georges Melies) fast alle vom Varieté mit seinen Illusionstechnologien herkamen – spielten Modelleisenbahnen bei den Studioaufnahmen eine Rolle. Dennoch verhält es sich bei der Elektrolok umgekehrt: das Modell war zuerst: Lange vor Siemens 1879 und Page in den 1850er Jahren wurden um 1834 zunächst Modelleisenbahnen von Pionieren der Entwicklung von Elektromotoren gebaut (Thomas Davenport und Salvatore dal Negro), ebenso ein kleines Elektroauto bereits 1827/28 von Jedlik. Dal Negro baute auch den ersten Elektromotor messbarer Leistung (ca. 30 mW). dal Negros Elektromotoren rotierten übrigens nicht, sondern waren der Kolbenbewegung in einer Dampfmaschine nachempfunden, was die Übertragung der Weise der Kraftübertragung auf bisher von solchen betriebene mobile Maschinen nahelegte. Modelleisenbahnen im engeren Sinne, also unter Nachbildung von Schienenbindung und Antriebsformen sind somit älter als Personen befördernde Elektroloks, aber jünger als bemannte Dampfloks, deren Geschichte etwa um 1813 beginnt, nur wenig jünger auch als Modellautos mit Dampf- oder Elektroantrieb. Da noch nicht auf Schienen laufend, kann man die ersten eher mit den zeitgenössischen Lokomobilen (schwere Dampfwagen und -busse) parallelisieren. Ergo: das Ei war (zeitlich) vor der Henne, jedenfalls was den Elektroantrieb der Modellbahn angeht!

Mehrere dieser Pioniere sind daran gescheitert, größere Exemplare zu realisieren, während sich ein Gustave Trouvé (1839-1902), von dem das erste brauchbare Elektroauto stammt, auf seine älteren Tage Spielzeugen und Modellen zuwandte, darunter einem von einem Trommelrevolver betriebenen Ornithopter, der unter beträchtlicher Lärmentwicklung bis zu 80 m weit flog. Irgendwann ist es biographisch offenbar nicht mehr so wichtig, konkrete Probleme ingenieurmäßig zu lösen – und da kommen Modelle wieder im doppelten Sinn ins Spiel.

Die spätere Entwicklung verschiedener (Antriebstechnologie-) Linien in „groß" und „klein" hatte sicher auch damit zu tun, ebenso wie der sich für über ein Jahrhundert durchsetzende Entwicklungspfad des Automobilantriebs nach ca. 1897, dass sich Kohle (gleich ob Braun- oder Steinkohle) anders als Wasserstoff und Metalle nicht direkt elektrochemisch umsetzen ließ (und bis heute nicht lässt). Es ist bemerkenswert, dass praktisch sofort mit der nennenswerten Ausbreitung eines Stromnetzes die elektrische Modelleisenbahn als Serienprodukt 1892 (Märklin) beginnt (an den meisten Orten wurde elektrischer Strom breit erst um 1900 verfügbar, und bis etwa 1897 war er so teuer, dass weder großflächige elektrische Beleuchtung noch elektrochemische Prozesslinien realisierbar waren).

Auch wenn bei der Modelleisenbahn ebenso wie im „großen" Auto damals Dampf- und Elektroantrieb koexistierten oder konkurrierten, bleibt doch festzuhalten, dass der letztere in der Modelleisenbahn bereits angeboten wurde, als Strom noch ein ausgesprochenes

Luxusgut war. Im Bereich der Entwicklung von Flugmodellen konkurrierten Kabel gebundene Systeme mit Elektromotoren übrigens auch ab den 1870ern, insbesondere bei Hubschraubern, erfolgreich mit Dampfmaschine, Pressluft- oder Gummimotor. Das stützt die These dieses Buches, die Modelleisenbahn sei ein Vorreiter elektrischer Technologien im täglichen Leben gewesen.

Modelle, an denen man Genuss bei der Funktionsbeobachtung hat, müssen natürlich noch mit bloßem Auge aus einiger Entfernung sichtbar sein. Die (Quelle der) Freude von Kindern unterscheidet sich etwas von derjenigen von Ingenieuren... In den neuesten Modelleisenbahnen hat zudem die FPV-Technologie Einzug gehalten: die Illusion des persönlichen Mitfahrens/-fliegens in einem noch so winzigen Modell wird dabei über Digitalfernsehkamera und Monitor realisiert.

Daneben steht auch die Faszination, Erfahrungsbereiche, einschließlich des Naturerlebens, auf kleinstem Raum zu reproduzieren, von der Parklandschaft mit Bonsais über Nanoaquarien bis hin zu technischem Spielzeug einschließlich Helikoptern, Multikoptern und Flugmodellen, die in geschlossenen Räumen (funk- oder IR-fern-) gesteuert fliegen können – wenn auch teils extrem nervös. Im ersteren Falle setzt die Flexibilität der Biologie (Fische oder Garnelen haben nun mal bestimmte Minimalgrößen, und auch ein präzise gepflegter Bonsai wird nicht kleiner als ein Sämling derselben Baumart sein können) die Grenze, im zweiten die Physik: Manches ändert sich beim Verkleinern fundamental, lange bevor die Quantenmechanik dazwischengrätscht. Zwischen dem mm- und dem molekularen nm-Bereich klafft eine Lücke, die ingenieurmäßig nicht mehr mit funktionsähnlichen Modellen zu schließen ist, aber das ist hier irrelevant, weil man ein solches Modell einfach nicht mehr sieht.

Das wahrscheinlich gemeinsame Motiv: Fernweh und Häuslichkeit handhabbar und kompatibel zu machen, bestimmte Dinge im Wohnzimmer, vielleicht direkt unter dem Weihnachtsbaum erleben zu können, die dennoch die Idee von Ferne vermitteln... Die Modelleisenbahn kann historisch als die Variante gelten, die eigentlich die geringsten Schwierigkeiten beim Verkleinern aufwirft. Die große Modellbahnanlage – Stolz vieler Bürger einschließlich eines früheren Bundesinnenministers – mit Dioramaqualitäten ist historisch etwas Neues; sie kommt eigentlich erst nach dem Zweiten Weltkrieg auf.

Eins ist es auf keinen Fall, auch wenn man die Reisetätigkeit umgeht bzw. simuliert: ein preisgünstiges Hobby, erst recht (wie auch bei Schiffs- und insbesondere Flugmodellen, bei denen die Nachbildung der Antriebstechnik auch noch eine Herausforderung bildet) wenn ein hohes Maß an Vorbildähnlichkeit gewollt ist. Die vor einiger Zeit in Insolvenz gegangene schwäbische Firma Märklin war stets stolz darauf, dass man die Vorbild entsprechende Reproduktion von Nieten auf dem Zink- oder Kunststoffrumpf im Maßstab 1 : 87 (H0) oder 1:160 mit dem Mikroskop verifizieren konnte – sie sind nämlich weder tast- noch mit bloßem Auge sichtbar.

Exkurs: Wieso überhaupt Züge, LKWs statt Autos und Bussen?

Für das Rad gibt es in der Natur nur wenige Vorbilder, etwa Baumstämme, die als Transportrollen dienten (s. o.), für eine Ketten förmige Anordnung von Antrieb(-stieren), etwa Schlittenhunden oder Pferden und angehängten Fahrkabinen dagegen schon eher. So gesehen ist die Eisenbahn mit ihrer Trennung von Antriebseinheit und Transportwagen für Mensch und Ladung konzeptionell allemal ursprünglicher (und vielleicht auch leichter zu realisieren) als eine pferdelose Kutsche mit integriertem Antrieb: auch Cugnots Fardier war lediglich als Zugmaschine etwa für eine Kanone gedacht. Auf der Straße (LKW), Schiene und dem Wasser (Schubeinheiten) hielt sich diese Trennung, in der Luft wird sie heute nur ausnahmsweise realisiert, wenn ein Segelflugzeug auf Höhe gebracht wird. In der alten Science-Fiction-Literatur taucht die Idee fliegender Züge häufiger auf.

Bleiben wir also auf dem Boden, bei der Faszination, eine bewegte Kette zu bilden: Bereits sehr viel früher kamen Affen- und Menschenkinder auf die Idee, an deren Schwanz irgendwelche Tiere hinter sich herzuziehen, was ihre Mütter insbesondere dann in Panik versetzte, wenn es sich dabei um Schlangen handelte (vgl. griechische Mythologie und Beobachtungen u. a. von Jane Goodall); mensch kann darin die ersten Vorläufer der Modelleisenbahn sehen. Schienen entstanden quasi aus Versehen durch die Fahrt von Karren auf weichem Gestein (Flintbek bei Kiel ca. 3400 v. Chr., Malta undatiert). Wenn man diese Rillen dann mit Holzkeilen o. ä. ausfüllt und die Räder anpasst, hat man bereits eine Schienenbahn. Zwei weitere Gründe, weshalb die Eisenbahn der Lokomobile zeitlich vorausging, sind wohl in der mäßigen bis fehlenden Untergrundbefestigung der meisten Straßen zu sehen, die allem, was schwerer war als ein Ochsenkarren, in der Regel nicht gewachsen waren, und im Steuerungsproblem: Nicolas Cugnot hatte zwar gleich nach Watt's (1766) Verbesserung der Dampfmaschine die Idee, diese als Fahrzeugantrieb einzusetzen, dabei aber den geradezu idiotischen Einfall, die gesamte Dampfmaschine nebst Kessel und Feuerung am mit bloßer Armkraft des Fahrers gelenkten Vorderrad anzubringen. Es ist erstaunlich, dass der Fahrer dieses rund 5t schweren und 4km/h schnellen Vehikels („Fardier", gebaut von Cugnot 1771) bei den resultierenden Lenkkräften fast einen Kilometer weit kam, bevor er gegen eine Mauer fuhr.

Ein interessanter und historisch alter, bis vor die Kommerzialisierung der elektrischen Modelleisenbahn ins 19. Jh. zurückreichender Sonderfall sind die so genannten Garteneisenbahnen, d.h. Modelle mit Massstäben zwischen 1:10 und 1:3,5 bei der Spurweite (d.h. ca. 150...400 mm), die dennoch zumindest Kinder befördern können, meist allerdings nicht in den sondern auf den Wagen sitzend. Hier finden die Freude der Kinder am kleinen Objekt und die Transportfunktionen für Menschen und Menschen in einer mittleren Größen- und kleinen Geschwindigkeitsskala wieder zueinander. Es handelt sich hier häufig um Echtdampfbahnen. Spielen wir also, solange es uns vergönnt ist, und basteln in dem uns jeweils gefallenden Maßstab!

Literatur

Kutschera V. (1998): Kleine Bahn auf großer Fahrt. Spielzeugeisenbahnen Spur 0. Ellert & Richter, Hamburg.

T. Kudernac, N. Parschau, B. Maciá, N. Katsonis, K.H. Ernst & B.L. Feringa: Electrically driven directional motion of a four-wheeled molecule on a metal surface, *Nature* 2011479: 208-211.

Christian Stolz

Für Tunnels braucht es Berge – die Geomorphologie im Modellbau

Prolog

Kennen Sie den Begriff Geomorphologie? Ich kannte ihn nicht, als ich 19 Jahre alt war und damals an der Universität Mainz mit dem Studium begann. Geographie auf Diplom. Ich war durchaus vielseitig interessiert, aber nicht sicher, für welches Fach ich mich einschreiben sollte. Die Beschreibung des Fachs Geographie war mir sofort sympathisch; bildete sie doch ziemlich genau das ab, was mich so alles umtrieb: Natur und Landschaft, Biologie, Chemie, Geschichte, Archäologie, Sprachwissenschaften ... irgendwie von allem was. Diese Gemengelage passte aber auch ganz gut zu meinem weiteren großen Steckenpferd: der Eisenbahn. Nicht so sehr die Fahrzeuge, sondern eher die Strecken interessierten mich. Wo sie hinführen oder besser gesagt hinführten. Denn viele gab es ja schon längst nicht mehr. Alleine das mutete doch schon sehr geographisch an. Mir ging es auch nicht so sehr um S- oder Straßenbahnen in der Stadt, auch nicht um die großen, wichtigen Hauptbahnen, sondern vielmehr um die Nebenbahnen auf dem Land. Denn schließlich war ich ein Kind, das zwischen Wiesen und Wäldern, aber eben auch unweit einer Nebenbahn aufgewachsen ist. Als ich acht Jahre alt war, wurde sie für den Personenverkehr stillgelegt. Aus heutiger Sicht ein durchaus fragwürdiges Schicksal, das mich schon als Kind sehr bewegte, beschäftigte und prägte. Den ganzen Vorgang dieser Stilllegung empfand ich schon damals als grundfalsch, auch wenn ich ihn noch nicht ganz verstand. Interessanterweise waren meine Eltern nie bahnaffin. Ich hatte also kein Vorbild in Sachen Bahnenthusiasmus. Zumindest nicht für die „große“ Bahn. Sonnenklar war aber natürlich, dass ich mir schon als Kind eine Modelleisenbahn wünschte, wie sie mein viel älterer Bruder längst hatte. Diese stand aber stets wohlverpackt auf dem Dachboden. Ich selbst galt damals für ein derart hochdiffiziles Spielzeug noch als viel zu jung. So bekam ich zum Geburtstag erstmal einen Märklin Metallbaukasten anstatt der heiß ersehnten Bahn. Dieser stammte zwar vom selben Traditionshersteller, hinterließ aber nicht dasselbe Gefühl bei mir. Mein erstes Anfängerset, ein einfacher Kreis mit einer kleinen Lok und zwei Wagen, folgte erst um einiges später. Schnell wuchs meine Anlage zu einer stattlichen Größe an, sodass sie bald die Hälfte meines Zimmers einnahm. Gleichzeitig interessierte ich mich auch für das große Vorbild in meiner Umgebung, besonders für die Geschichte der einzelnen Strecken und nicht selten für ihr trauriges Schicksal, das sie zwischen den 1950er und 1980er Jahren heimsuchte: Der Plan von Vollmotorisierung zulasten von Eisenbahnromantik, und, wie wir heute noch viel besser wissen, auch von Nachhaltigkeit. Meine Märklin war zunächst keine fest verbaute Modellbahnanlage, sondern wurde nach Bedarf mal hier mal dort, mal im Wohnzimmer, mal im Flur auf- und wieder abgebaut. Schnell folgten Experimente, sie auch über Sessellehnen und auf Tischplatten fahren zu lassen, die Steigungsfähigkeit der Loks auszutesten und diese mit neuen Haftreifen auszustatten. Irgendwann gelangte dann auch mal ein Tunnel in meinen Besitz. Er bestand aus Styropor, das mit einer farbig angemalten und mit grüngefärbten Sägespänen bestreuten Gipsschicht überzogen war. Auf den Gipfel, wo sich eine angedeutete Burgruine befand, führte eine Art Feldweg. Der Tunnel selbst zeichnete eine Kurve nach und verfügte über zwei graue Portale aus Kunststoff. Wahrscheinlich war das bergartige Gebilde Marke Eigenbau. Und wenn ich mich recht erinnere, hat es irgendein netter Verwandter für mich auf dem Sperrmüll oder an einem vergleichbaren Ort aufgesammelt. Begeistert baute ich den Neuzugang in meine Modellbahnwelt ein. Ich weiß noch genau, wie der Versuch scheiterte, auch noch ein Anschlussgleis über den viel zu steilen Weg hinauf zur Burgruine zu verlegen.

Doch was hat das alles nun mit Geomorphologie zu tun? Wo ich doch damals noch gar nicht wusste, was das Wort überhaupt bedeutet. Und was verbindet diese Disziplin mit dem nicht ganz einfachen Namen eigentlich mit der Eisenbahn und erst recht mit dem Modellbau? Richtig, es ist schön, wenn eine Modellbahnanlage nicht nur ganz platt ist, sondern wenn es auch Berge und Täler und damit auch Gelegenheiten für Tunnels, Brücken und das ganze Drumherum gibt.

Lassen Sie uns also über das Relief sprechen. Das Relief der Erde im Modell, ganz begrenzt, in einem kleinen Ausschnitt. Mit durchfahrenden Zügen natürlich. Wie realitätsnah ist dieses Relief eigentlich und was genau macht es so reizvoll?

Die Eisenbahn und das Relief

Das Relief der Erde, besser gesagt das ihres Festlandsanteils, steht der Eisenbahn als verkehrlicher Innovation des 19. Jahrhunderts im Grunde feindselig gegenüber. Verfügen doch konventionelle Dampflokomotiven höchstens über eine Steigungsfähigkeit von rund 3 %. Die berühmte Geislinger Steige zwischen Stuttgart und München, die auf die Schwäbische Alb hinaufführt, kommt gerade mal auf 2,25 % (Watzlaw 1987). Dabei waren es gerade die mehr oder weniger stark reliefierten Mittelgebirge, die nach dem Ausbau der wichtigsten Hauptbahnen Ende des 19. Jahrhunderts und auch noch bis vor dem Ersten Weltkrieg von der Eisenbahn profitieren sollten. Die Möglichkeit der Reisezeitverkürzung auf bislang überwiegend zu Fuß bewältigten Relationen, aber besonders die durch den Güterverkehr ins Unermessliche gesteigerten Absatz- und Versorgungsmöglichkeiten läuteten ein neues Zeitalter ein. Doch dazu bedurfte es teils aufwändiger Kunstbauten: Brücken über Flüsse und Bäche, um nach Bedarf die Talseiten wechseln zu können, Anschlüsse anzubinden und den elegantesten Weg durchs Gelände zu finden. Dazu Durchlässe und Geländeeinschnitte, lange Rampen und kilometerlange Bahndämme, die die häufig durch Täler verlaufenden Linien auch hochwassersicher machten. Immense Materialbewegungen waren notwendig, die größtenteils auf äußerst mühselige Weise mit hölzernen Schubkarren und per Lorenbahn bewältigt werden mussten. Kurvenradien und Neigungswinkel (Abb. 1) wurden vorher exakt berechnet.

Ein gutes Beispiel dafür ist die über 100 km lange Lahntalbahn zwischen Wetzlar und Koblenz, die in den Jahren 1858 bis 1863 gebaut worden ist. Die Gesamtlänge ihrer zehn Tunnels beträgt fast sechs km, was für damalige Zeiten eine unglaubliche Leistung war und einem technischen Wunder gleichkam (Seyferth 2006). Dazu kommen mehr als zehn Brücken alleine über die Lahn selbst. In den Jahren 2024/25

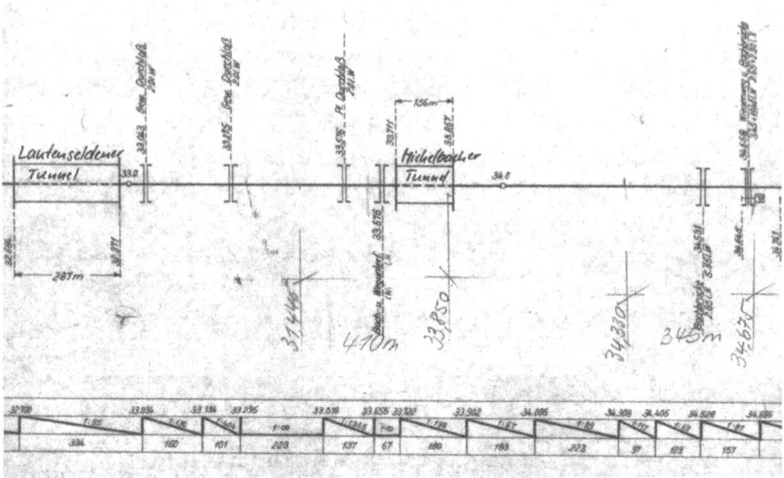

Abbildung 1

wurde die mehr als 160 Jahre alte Strecke für einen mindestens zweistelligen Millionenbetrag generalsaniert, wobei auch die Tunnels aus dem 19. Jahrhundert verbreitert wurden (Deutsche Bahn 2024).

Dennoch scheint es so, als ob sich gerade Nebenbahnen aufgrund ihrer ausgeklügelten Kunstbauwerke wie Viadukten, Brücken und Tunnels und mit teils engen Kurvenradien sehr harmonisch in die Landschaft einfügen. Denn zur Zeit ihres Baus ging es in erster Linie um die Verbindung selbst und nicht so sehr darum, hohe Geschwindigkeiten fahren zu können. Vergleicht man sie mit Neubaustrecken, wie z. B. Köln – Rhein-Main (eröffnet 2002), den französischen TGV-Strecken oder gar mit Autobahnen, wird dieser Gegensatz noch deutlicher. Der Bau eines bisher nicht vorhandenen Verkehrsnetzes in eine Landschaft hinein ist durchaus ein schwerwiegender Eingriff. Es geht also auch hier in irgendeiner Form um das Bezwingen der Natur. Felsen müssen weggesprengt werden, Bachläufe befestigt und gewaltige Erdmassen werden aufgeschüttet. Und doch geschah dies im ausgehenden 19. Jahrhundert auf geradezu charmante Weise, garniert mit prunkvollen, oftmals regelrecht künstlerisch gestalteten Tunnelportalen (Abb. 2), eleganten, stählernen Brückenbögen und einem an das natürliche Talrelief angeschmiegten Streckenverlauf. Eisenbahnen kündeten von der neuen Zeit, von der Industrialisierung mit all ihrem Fortschritt und ihren Zerwürfnissen. Auf der anderen Seite wurden ihre Kunstbauten schnell zu Wahrzeichen. Ein gutes Beispiel dafür ist die Stadt Rendsburg in Schleswig-Holstein, deren Wahrzeichen die monumentale, 1913 eröffnete Eisenbahnhochbrücke über den Nord-Ostsee-Kanal ist.

Abbildung 2

Ähnlich wie in der Realität verhält es sich auch im kleinen Maßstab. So geht es bei der Konzeption einer Modellbahnanlage nicht nur um die Eisenbahn selbst, d.h., um den rein technischen Aspekt. Gerade die Landschaft drumherum spielt eine tragende Rolle. Sie ist aber nicht nur eine bloße Kulisse, wie die Detailverliebtheit vieler großer Modellbahnanlagen zeigt. Der Vorteil, eine Modellbahnanlage mit Relief zu versehen, liegt nämlich auf der Hand. Die Anlage wirkt realistischer und abwechslungsreicher. Ein Zug, der im Tunnel verschwindet und anderswo wieder auftaucht, sorgt für den besonderen Aha-Effekt.

Möglich sind auch Schattenbahnen oder sogar Schattenbahnhöfe, die es ermöglichen, Züge im Untergrund zu anderen Stellen der Anlage zu transferieren oder nicht benötigte Fahrzeuge abzustellen. Rampen, Dämme und Hochbrücken ermöglichen das Spielen auf unterschiedlichen Reliefebenen.

Doch was sind die Gründe dafür, sich im heimischen Hobbykeller eine Fantasielandschaft zu erschaffen? Geht es um die Konstruktion einer Idealwelt, einer Art Fluchtmöglichkeit aus der autodurchsetzten Wirklichkeit? Eine heile (Eisenbahn-) Welt, die es so nicht gibt, vielleicht nie gab, oder die tatsächlich einer theoretischen historischen Situation nahekommt. Was sind die Hauptbeweggründe für dieses Hobby? Ist es Technikbegeisterung, Nostalgie, die Freude an einer schönen Landschaft, die aus der Vogelperspektive heraus betrachtet werden kann? Oder sind es schlicht auch das Fernweh und die Lust am Reisen, diesem bewussten, langsamen Reisen auf Schienen, wie es gerne mit der Eisenbahn assoziiert wird? Schaut man sich Bilder von gängigen Modellbahnanlagen an, so fällt auf, dass es sich dabei meistens nicht um die Nachbauten real existierender Strecken oder Ausschnitte davon handelt. Und falls doch, dann wurden sie meist zu ganz bestimmten Zwecken erstellt, wie zur Darstellung früherer Bahnanlagen in Heimatmuseen oder bei lokalen Vereinen vor Ort. Ein eins-zu-eins-Nachbau ist jedoch alleine schon aufgrund von räumlicher Begrenztheit nur ausschnittsweise möglich und schränkt zudem die Spielmöglichkeiten ein. Denn kreisförmige Gleisanordnungen eignen sich deutlich besser für einen praktischen Modellbahnbetrieb als Streckenabschnitte, auf denen nur Pendelfahrten möglich wären. Fast immer trifft man aber auch auf Modellbahnanlagen auf historische Wirklichkeiten: Dampflokomotiven und die legendären roten Schienenbusse, Reisezugwagen mit offener Plattform, Gepäckträger auf dem Bahnsteig und die Güterabfertigung auf Landbahnhöfen, wie sie längst nicht mehr existiert. So schwingt die Sehnsucht nach einer mutmaßlich perfekten Vergangenheit fast immer irgendwie mit.

Ein weiterer Aspekt ist der stetige Drang, bestehende Anlagen stets zu ergänzen und zu erweitern, was im Besonderen auch für das dargestellte Relief gilt. Viele Anlagen werden daher nie wirklich fertig. Immer wieder werden neue Ideen und technische Neuerungen, wie z. B. ein digitaler Fahrbetrieb, umgesetzt.

Die Natur als Vorbild: Formengruppen in der Geomorphologie

Aber was bedeutet denn nun eigentlich dieses Wort ‚Geomorphologie'? Definitionsgemäß ist die Geomorphologie als Teil des Fachs Geographie „die wissenschaftliche Beschäftigung mit (1) den Formen der festen Erdoberfläche" (Ahnert 2008) und außerdem (2) mit den Erdoberflächenprozessen, die zur Ausbildung jener Formen führen oder führten. Unterschieden wird dabei grundsätzlich zwischen endogenen und exogenen Prozessen. So entstehen endogene Formen aus dem Erdinneren heraus, meist aufgrund von Plattentektonik. Typische, diesen Prozessen zugeordnete Formengruppen sind Vulkane oder Hochgebirge. Exogene Formen entstehen dagegen durch den Kontakt der Erdkruste mit der Atmosphäre, wobei dem Wasserkreislauf mit Niederschlägen und in der Folge Flüssen, Seen und Meeren, aber auch Gletschern eine besondere Bedeutung zukommt. Unterschieden wird demnach in gravitative Formen (z. B. Erdrutschmassen), fluviale Formen (entstanden durch fließendes Wasser, z. B. Täler oder Schwemmkegel), glaziale Formen (durch Vergletscherung und strömendes Eis), äolische Formen (durch den Wind, z. B. Dünen) und litorale Formen (die Formung der Küsten durch die Brandung und andere Prozesse).

Bestimmte Formengruppen und Formungsarten kommen in unterschiedlichen Teilen der Erde verstärkt vor (Klimazonen, Ökozonen, geomorphologische Prozessregionen und Höhenstufen der Gebirge; z. B. Schultz 2016, Lehmkuhl & Römer 2022). Aktive Gletscher und Permafrost sind auf die Polarregionen und Hochgebirge beschränkt. Entsprechende fossile Formen aus den Kaltzeiten finden sich aber auch in den Tiefländern der Mittelbreiten, wie beispielsweise in Norddeutschland (Liedtke 1975). Täler sind überall dort anzutreffen, wo fließendes Wasser aufgrund ausreichender Niederschläge vorhanden ist oder war. In den Tropen ist die Talbildung besonders intensiv (Lehmkuhl & Römer 2022). Küstenformen kommen weltweit im Übergangsbereich zwischen Meer und Land vor. Der Wind formt die Landschaft besonders dort, wo wenig flüssiges Wasser und Vegetation vorhanden sind; wie in den tropischen und subtropischen Trockengebieten (z. B. in der Sahara), den trockenen Mittelbreiten (z. B. in Zentralasien) und im Periglazialraum, wo es für eine Waldbildung zu kalt ist (Schultz 2016). Auf diese Weise entstehen u. a. Dünenfelder. Weiterhin existieren Formen, die durch bestimmte chemische oder physikalische Verwitterungsprozesse entstanden sind. Man denke hier z. B. an Karstformen, wie Tropfsteinhöhlen, an Frostschutthalden oder die Formen der Granitverwitterung (Blockmeere, Felsburgen, sogenannte Tors; Abb. 3).

Abbildung 3

Auch der Mensch formt die Landschaft auf unterschiedliche Weise durch Verkehrswege mit künstlichen Geländeeinschnitten und Aufschüttungen, wie Bahndämmen. Dazu kommen Reliefveränderungen durch Siedlungen, Industrie, Bergbau und zahlreiche andere anthropogene Aktivitäten.

Das Relief im Modellbau

Egal ob es sich nun um die Spur N, HO oder um eine Gartenbahn handelt: Künstliche Erhebungen und Senken, verbunden mit Tunnels, Brücken und anderen Kunstbauten sind im Modellbau nicht wegzudenken. Möchte man sich einen Überblick verschaffen, um die Ausprägung des Reliefs auf Modellbahnanlagen im deutschsprachigen Raum erfassen zu können, bemüht man heutzutage am besten eine Internet-Suchmaschine mit der Möglichkeit der Bildsuche. Mögliche Suchbegriffe sind beispielsweise „Modellbau Tunnel" oder „Modellbahn Berge". Dabei fällt sofort auf, dass sich die angezeigten Bilder sehr stark ähneln und immer wieder die gleichen, grundsätzlichen Merkmale aufweisen. Entschließt sich ein Modelleisenbahner dazu, seine Anlage mit Relief zu versehen, wählt er entweder eine fertige Tunnellösung oder er greift selbst zu Styroporblock, Gipskelle und Malkasten. Zumindest bei uns im deutschsprachigen Raum kommen dabei fast immer folgende Merkmale heraus (vgl. Abb. 4):

- Szenerien, die von der Reliefenergie her ans Hochgebirge oder an die höheren Mittelgebirge erinnern. Hügelländer sind weniger verbreitet.
- Die Hänge sind steil und nur schütter von Vegetation bewachsen. Ein geschlossener Wald wird eher selten dargestellt.
- Fast immer tritt das anstehende Festgestein in Form von nackten Felsen zutage, die über keine durchgängige Bodenbildung verfügen.
- Sehr häufig wirken die dargestellten Gesteine eher schroff und sind in hellen, meist weißen oder grauen Farbtönen gestaltet. Dies ist sicher nicht zuletzt dem lebendigeren Kontrast heller Farben vor der übrigen Umgebung geschuldet. Denn Gleise und Vegetationsbestandteile sind nun mal eher dunkel gehalten. Rot- oder Schwarztöne, wie sie bei Sandsteinen oder Basalten vorkommen würden, sind bei Modellbahnfelsen fast nicht zu finden. Kantige Formen kommen ebenso vor, wie abgerundete Felsen (siehe den Suchbegriff „Felsen Modellbau"). Die Festgesteinsvorkommen auf Modellbahnanlagen erinnern daher meist an Kalk- oder helle granitische Gesteine.
- Es ist eine Tendenz zu offenen Wasserflächen in der Landschaft zu erkennen: Teiche und Bäche, seltener größere Flüsse oder Seen. Küstenszenerien (am Meer) kommen fast nicht vor. Viele stehende Gewässer wirken künstlich angelegt, wie beispielsweise ein Dorfteich oder Parkweiher.
- Ein Blick auf die Vegetation verortet die meisten Anlagen klar in den feuchten Mittelbreiten, also bei uns in Mitteleuropa, genauer

gesagt im Bereich der Mittelgebirge oder im Alpenraum. Denn zumeist sind Laubbäume und Büsche vorhanden, die gerne durch die Stämmchen der Rentierflechte (*Cladonia rangiferina*) dargestellt werden, aber auch fichtenartige Nadelbäume. Dargestellt werden zudem fast immer Kulturlandschaften mit landwirtschaftlicher Nutzung und künstlichem Offenland. Seltener kommen Szenerien aus dem Mediterranraum vor (mit Zypressen, Palmen und entsprechender Architektur).

- Zum mitteleuropäischen Gesamtbild passen auch die gängigen Baustile der dargestellten (zumeist ländlichen) Siedlungen. Oft findet man Fachwerkhäuser, Kirchenbauten oder Burgruinen. Auch Bahnhofsgebäude lehnen sich regelmäßig an reale Vorbilder aus Deutschland an.

Abbildung 4

Sucht man hingegen gezielt nach ganz bestimmten geomorphologischen Formen, wird man auch dann fündig: Karsthöhlen gibt es fix und fertig zu kaufen, inklusive einer Höhlenforschergruppe mit Stirnlampe. Vulkane sind offenbar eher selten, was sich alleine schon durch ihre Größenordnung im Vergleich zur Spurweite erklärt. Die Treffer, die man im Internet findet, beziehen sich zumeist auf Modellbahnen für Kinder. Wasserflächen werden oftmals mit bläulich angefärbtem Kunstharz erstellt, das es fertig zu kaufen gibt. Fast immer sind Wellenbewegungen sichtbar, was auf einen simulierten turbulenten Abfluss schließen lässt. Interessant in diesem Zusammenhang sind Untersuchungen, die sich damit auseinandersetzen, welche Elemente eigentlich (im touristischen Sinne) eine Landschaft attraktiv machen. Denn eine Gegend, in die ich gerne reise, um Erholung zu suchen, möchte ich vielleicht auch im Miniaturformat zuhause im Hobbykeller haben. Das sogenannte V-Wert-Verfahren von Kiemstedt (1967) gilt in Deutschland als eines der ältesten planerischen Landschaftsbewertungsverfahren, durch das die landschaftliche Erholungseignung räumlich differenziert und quantifiziert wird (Roth et al. 2017). Kiemstedt (1967) stützt sich dabei u.a. auf die Länge von Wald- und Gewässerrändern pro Flächeneinheit, außerdem auf vorhandene Höhenunterschiede, also das Relief, und zuletzt auf eine möglichst große Vielfalt an vorhandenen Flächennutzungsarten. Verfügt eine Landschaft also über eine größere Höhenamplitude, eine vielfältige Landnutzung und über möglichst lange „Ränder", also Uferlinien und Waldränder, gilt sie nach der genannten Studie als besonders attraktiv. Ich glaube, als Modellbahner kann man dem nur zustimmen.

Rezent ablaufende geomorphologische Prozesse werden auf Modellbahnanlagen ebenfalls selten dargestellt. Der Suchbegriff „Modellbahn Erdrutsch" ergibt immerhin einige wenige Treffer, obgleich gravitative Massenbewegungen ein ernstzunehmendes Problem im realen Bahnbetrieb sind (Grunert & Hess 2010). Dasselbe gilt für Gletscher und selbst für Hochwässer und dadurch erzeugte Schäden, z.B. an Bahnanlagen. Man denke hierbei beispielsweise an die verheerende Ahrtalflut 2021 (Abb. 5). Anthropogene Landschaftseingriffe aller Art sind dagegen häufig als Gestaltungselemente von Modellbahnanlagen anzutreffen. Kunstbauten unterschiedlicher Art, Stützmauern, Staumauern,

Stadtmauern und -tore sind omnipräsent, ebenso Steinbrüche und Lagerplätze (z. B. für Stammholz) im Schienengüterverkehr.

Abbildung 5

Schlussfolgerungen

Der Modellbau bietet die Möglichkeit, in verkleinertem Maßstab künstliche Landschaften zu erschaffen. Dabei orientiert er sich nur zum Teil an der Wirklichkeit. Oftmals haben die dargestellten Szenerien kein wirkliches reales Vorbild und entsprechen einer Idealvorstellung von Landschaft und Bahnbetrieb. Ein Teil dieses Ideals besteht in der räumlich begrenzten Umsetzung von Reliefformen, die dazu beiträgt, eine Landschaft abwechslungsreicher und spannender zu gestalten und damit auch das Spielerlebnis bereichert. So sind Tunnels, Brücken, Dämme und Rampen unverzichtbare Bestandteile einer Modellbahnanlage. Schaut man sich das ins Modell umgesetzte Relief jedoch genauer an, fallen bestimmte Muster ins Auge, die immer wieder zu beobachten sind. Dazu gehören Landschaften mit einer vergleichsweise hohen Reliefenergie, steilen Hängen und zumeist hell gefärbten oft schroffen, aber auch deutlich abgerundeten Felsen, die an Kalkstein oder Granit erinnern. Weiterhin sind Wasserflächen und anthropogene Kunstbauten und Landschaftseingriffe, wie Steinbrüche, ein häufig umgesetztes Element. Reale Prozesse geomorphologischer Formung, wie gravitative Massenbewegungen, werden dagegen eher selten nachgebaut. Das Vorhandensein sichtbarer Landschaftsgrenzen, wie Steilhänge und Gewässerränder, deckt sich mit den Erkenntnissen zu den Attraktivitätsmerkmalen von Landschaften, wonach derartige Ränder einen Raum besonders attraktiv erscheinen lassen. Zu guter Letzt fällt auf, dass mitteleuropäische Modellbahnanlagen zumeist auch mitteleuropäische Landschaften wiedergeben. Einheimische Hoch- und Mittelgebirgsszenerien mit entsprechenden Kulturlandschaftselementen und typischer Vegetation sind dabei offenbar besonders beliebt.

Erläuterungen zu den Abbildungen

Abb. 1: Ausschnitt aus dem sogenannten ‚Streckenband' einer Nebenbahn im Mittelgebirge (Aartalbahn, von Wiesbaden Hbf nach Limburg (Lahn); eh. Kursbuchstrecke 548). Im unteren Teil sind die Neigungsverhältnisse und die Längen einzelner Gleisabschnitte eingetragen (Deutsche Bundesbahn o.J.)

Abb. 2: Das Nordportal des Laufenseldener Tunnels (eröffnet 1894; siehe Streckenband in Abb. 1) auf der denkmalgeschützten Aartalbahn (Rheingau-Taunus-Kreis). Der 287 m lange, gebogene Tunnel wurde bergmännisch durch unterdevonischen Tonschiefer vorgetrieben und ist im Inneren zum großen Teil nicht ausgemauert (Kopp 2009). Foto: Christian Stolz

Abb. 3: Eine kristalline Felsburg (Tor) in Dartmoor (England). Ihre Form erinnert stark an die Ausprägung von Felsen, wie sie häufig auf Modellbahnanlagen modelliert werden. Foto: Christian Stolz

Abb. 4: Eine Modellbahnanlage im Museum Verkehrshaus in Luzern (Schweiz). Hervorstehende Felsen mit heller Färbung in einer Hochgebirgsszenerie sind ein Charakteristikum vieler Anlagen. Gespielt werden kann hier auf mehreren Reliefebenen (Bildquelle: Wikimedia Commons, Modelleisenbahn bei der Verkehrshaus, Luzern, Schweiz; https://commons.wikimedia.org/wiki/File:6257_-_Luzern_-_Verkehrshaus_-_Model_railroad.JPG.

User: Andrew Bossi; Creative Commons CC-BY-SA-2.5: https://creativecommons.org/licenses/by-sa/2.5/deed.en)

Abb. 5: Eine Brücke der Ahrtalbahn (Kreis Bad Neuenahr-Ahrweiler), die bei der verheerenden Ahrtalflut im Juli 2021 weggerissen wurde. Geomorphologische Prozesse dieser Art werden nur selten auf Modellbahnanlagen wiedergegeben. Anmerkung: Es handelt sich nicht um dieselbe Strecke wie in den Abb. 1 und 2 (vgl. die Schreibweise). Foto: Christian Stolz

Literatur

Ahnert, F. 2009. Einführung in die Geomorphologie. 4. Auflage. Stuttgart: UTB.

Deutsche Bahn (2024): 36 Millionen Euro für die Lahntalbahn: Deutsche Bahn modernisiert Infrastruktur zwischen Bad Ems und Nassau. URL: https://www.deutschebahn.com/de/presse/presse-regional/pr-frankfurt-de/presseinformationen-regional/36-Millionen-Euro-fuer-die-Lahntalbahn-Deutsche-Bahn-modernisiert-Infrastruktur-zwischen-Bad-Ems-und-Nassau--13109270 (Zugriff am 17.9.2025).

Deutsche Bundesbahn (o.J.): Streckenband der Aartalbahn, ex-KBS 548. o.a. (unpubliziert).

Grunert, J., & Hess, S. (2010): The upper middle Rhine valley as a risk area. Natural hazards, 55, 577-597.

Kiemstedt, H. (1967). Zur Bewertung natürlicher Landschaftselemente für die Planung von Erholungsgebieten (Dissertation). Technische Hochschule Hannover.

Kopp, K. (2009): Langenschwalbacher Bahn (Aartalbahn): zur Geschichte der berühmten Bäderbahn des Nassauer Landes. Wiesbaden: Heimat- und Verschönerungsverein Dotzheim.

Lehmkuhl, F., & Römer, W. 2022. Geomorphological processes and landforms in a global scale–previous concepts and future challenges from a German perspective. Zeitschrift für Geomorphologie, 64(1), 53-71.

Liedtke, H. (1975): Die nordischen Vereisungen in Mitteleuropa. Erläuterung zu einer farbigen Übersichtskarte im Maßstab 1 : 1.000.000. = Forschungen zur deutschen Landeskunde Band 204. Selbstverlag Bundesforschungsanstalt für Landeskunde und Raumordnung, Bonn-Bad Godesberg.

Roth, M., Röhner, S., & Tilk, C. (2017): 50 Jahre alter Wein in neuen Schläuchen–bundesweite GIS-basierte Landschaftsbildbewertung auf der Basis des V-Wert-Verfahrens nach Kiemstedt. AGIT Journal Angew. Geoinformatik, 3, 254-265.

Schultz, J. (20165): Die Ökozonen der Erde. Stuttgart: UTB/Ulmer.
Seyferth, J. (2006): Die Lahntalbahn, 2006. SCHIENE-Foto 7. Verlag: FisicalBook.
Watzlaw, W. (1987): Vorplanung für die Ausbau-/Neubaustrecke Plochingen–Günzburg. In: Die Bundesbahn. Jg. 63, Nr. 10, 1987, S. 919-924.

Helga Andresen / Franz Januschek

Eisenbahn *„spielen“*? – Ein Dialog[1]

Erwachsene Modelleisenbahn-Fans werden gern etwas belächelt und, wenn sie selber zu Hause eine Anlage aufbauen oder unterhalten, als spielende „große Jungs“ bezeichnet. Ihr Spielen scheint also ihre noch nicht ganz überwundene Kindlichkeit zu belegen. Ich finde, dass darin nicht nur ein problematisches Missverständnis von Modelleisenbahnen liegt, sondern dass vor allem der Begriff „Spielen“ auf fatale Weise verengt wird. Auch und gerade Erwachsene spielen ja in ganz verschiedenen Situationen: Sport, Kartenspiel, Musik u. v. a. m. Meines Erachtens wäre es daher sinnvoll, den Begriff „Spielen“ ganz von der Vorstellung „Kind“ loszulösen und ihn mit dem Begriff „Mensch“ zu verbinden, und zwar in Abgrenzung zum Begriff „Tier“. Damit widerspreche ich den Theorien, die gerade die Gemeinsamkeit von Tier und Mensch betonen, weil sie bei jungen Säugetieren (etwa Welpen) ähnliche Verhaltensmerkmale wie bei kleinen spielenden Kindern beobachten.

Den Vorschlag, „Spielen“ von der Vorstellung zu lösen, dass es sich dabei per se um eine Tätigkeit von Kindern handele, unterstütze ich. Jedoch führt es in unserem Kontext nicht weiter, Differenzen zwischen „menschlichem“ und „tierischem“ Spielen herauszuarbeiten. Derartige Bemühungen können durchaus sinnvoll sein, lenken hier aber von der zentralen Fragestellung ab: nämlich, warum ausgerechnet die Beschäftigung mit Modelleisenbahnen, nicht aber andere Formen des Spielens von Erwachsenen mit dem Verdacht der Regression in eine kindliche Handlungs- und Vorstellungswelt belegt wird. Bei näherer Betrachtung verblüfft diese Verbindung geradezu, weil Modelleisenbahnanlagen komplexe Konstrukte sind und fortgeschrittene Planungsfähigkeiten, technisches Verständnis sowie feinmotorisches Geschick erfordern. So betrachtet, wirkt Modelleisenbahnspielen „erwachsener“ als manch einfaches Karten- oder Brettspiel.

1 Wer von uns beiden hat was geschrieben? Finden Sie’s heraus!

Wie nun verfahren? Diskutieren, warum gerade Modelleisenbahnspielen als Kinderkram markiert wird (z.B. Hantieren mit Spielzeug als Nachbildung realer, nützlicher Objekte analog zum Kaufmannsladenspiel von Kindern; Konterkari(ki)erung stereotyper Männlichkeitskonzepte)? Das dürfte im Spekulativen verharren, da fundierte empirische Studien vermutlich fehlen. Oder die Handlungen beschreiben, unter dem Aspekt von Spiel analysieren und dann weitersehen? Oder ...?

Ja, die Handlungen beschreiben: Entscheidend für die Einstufung als „Kinderkram" scheint mir zu sein, wie die jeweilige Tätigkeit, von außen betrachtet, aussieht: Mannschaftswettkämpfe nämlich, Theaterauftritte, Musizieren, Skatrunden u.v.a.m. sind Tätigkeiten von Erwachsenen, die als „Spielen" bezeichnet werden, aber ohne mit der Konnotation „kindlich", weil diese Tätigkeiten sich *offenkundig* von dem unterscheiden, was Kinder tun. Diesen Unterschied erkennt man hingegen nicht bei einem Menschen, der, an einem Schaltknopf drehend, mit leuchtenden Augen kleine Züge durch eine puppenhafte Landschaft fahren lässt; auch wenn dieses Handeln lediglich das Endergebnis hochkonzentrierter und durchaus auch lustvoller Planungs- und Konstruktionstätigkeit darstellt. Der Unterschied (soweit es einer ist) zwischen kindlichem und erwachsenen Spielen ist im Deutschen nicht lexikalisiert. Er ist aber erkennbar an der Erweiterbarkeit durch das Adverb *bloß*: Wenn man etwa bei einem Karten- oder Fußballspiel sagt: „Die spielen bloß!", dann bedeutet das gerade *nicht*, dass die Betreffenden karten- bzw. fußballspielen, sondern dass sie bloß *so tun, als ob*.

Nein. Lassen wir einmal Profisport und Glücksspiel, bei denen es um viel Geld und ggf. beruflich-finanzielle Existenzen geht, beiseite. Wenn es bei einem Fußball- oder Kartenspiel hitzig zugeht, Tätlichkeiten oder tiefe Kränkung beim Verlieren drohen, kommt es durchaus vor, dass beschwichtigend gesagt wird: „Das ist doch nur Spiel". Damit wird gerade nicht behauptet, man tue nur so, als ob man spiele; vielmehr wird der Spielcharakter im Gegensatz zu echten Bedrohungs- oder Verlustsituationen hervorgehoben. Eine solche Situation ist sowohl für Kinder als auch für Erwachsene denkbar.

Ich möchte jedoch einen anderen Aspekt des Modelleisenbahnspielens ansprechen, der nicht für Kinderspiele gilt, nämlich die

Verbindung zur Sammelleidenschaft. Als Nicht-Fan, die Modelleisenbahnspielen mit einiger Distanz und ohne eigene tiefere Erfahrung betrachtet, scheint es mir so, dass es auch um das Sammeln begehrter Objekte geht. Sammeln kann auch in anderen Zusammenhängen mit Spiel einhergehen, ist aber kein konstitutives Merkmal von Spiel.

Zu *„bloß spielen"*: „Nimm's nicht tragisch: das ist bloß ein Spiel!" – Das kennen wir natürlich alle; und es ist ein Beleg dafür, dass aus Spiel immer leicht Ernst und umgekehrt werden kann: „Mensch ärgere dich nicht!" Der Fall, von dem ich schrieb, ist ein anderer, nämlich der, dass während einer Tätigkeit, egal ob sie als Ernst oder als Spiel nach bewusst gemeinsam geteilten Regeln erfolgt, eine/r der Beteiligten spontan „so tun kann als ob", d.h. als *spiele* er/sie *bloß*; und das kann dann durchaus auch ein Spiel im Spiel sein. Es trifft zu, dass man auch von Kindern sagen kann, „die spielen bloß", wenn sie etwa miteinander kämpfen und einander dabei wehtun. Und es kann auch vorkommen, dass man eben dies zu jemandem sagt, der zum ersten Mal erschrocken eine Gewaltszene im Theater oder Film sieht: Ein Handeln ist nicht das, als was es erscheint, und gleichzeitig soll es nicht als das erscheinen, als was es doch erscheinen soll. Wenn man hingegen von Kindern im Kinderzimmer oder in der Kita o.Ä. sagt, sie *spielen*, dann spielen sie eben nicht *bloß*. Sie „spielen" nicht erst dann, wenn eins zum anderen das Spielzeug-Bügeleisen „aus Spaß" zum Telefonhörer umdeutet, sondern sie „spielen" schon die ganze Zeit.

Zur Sammelleidenschaft: Zweifellos gibt es unter Erwachsenen Modelleisenbahnfans auch Sammler. Burkhard Spinnen[2] etwa beschreibt seine Karriere vom mehrfach enttäuschten Modelleisenbahnspieljungen über die Mitgliedschaft in mehreren Modellbahnfanclubs bis hin zum bloßen Sammler bestimmter Miniaturloktypen, als der er schließlich mit sich im Reinen ist. Sammelleidenschaft ist sicherlich etwas, das sich erst im Jugendalter entwickelt und sich dann bei Erwachsenen bis zur Obsession steigern kann (wenn jemand für den Erwerb des letzten Objekts, das ihm/ihr in der eigenen Sammlung noch fehlt, Unsummen auszugeben bereit ist). Ein Spezifikum für Modelleisenbahner

2 Burkhard Spinnen (1998): Modelleisenbahn. Kleine Philosophie der Passionen. München: dtb.

ist das aber gewiss nicht. Von erwachsenen Eisenbahn*sammlerInnen* wird man auch gerade nicht sagen, sie *spielten* Eisenbahn.

Hat Sammelleidenschaft etwas mit Spielen zu tun? Zumindest kann man sagen, dass beim leidenschaftlichen Sammeln als solchem kein Zweck außerhalb seiner selbst verfolgt wird und dass es den Sammelnden irgendwie Freude, Befriedigung o. Ä. verschafft – was ja landläufig (und auch nach Huizinga[3]) als typische Merkmale des Spielens gilt. Große Institutionen des Sammelns sind Museen aller Art. Sind sie Institutionen des Spiels? Huizinga würde das vermutlich verneinen; aber Schiller[4] würde es im Sinne seiner von Kants Ästhetik inspirierten Explikation des Spielens vielleicht bejahen.

Es führt uns aber nicht weiter bei der Frage, warum erwachsene Modellbahner mitleidig als „große Jungs“ bezeichnet werden, die „Eisenbahn spielen“.

Also lassen wir das Sammeln beiseite. Ich habe offensichtlich ein Nebengleis eröffnet, das bei unserer Problemstellung nicht weiterführt und meiner Unkenntnis der Gepflogenheiten im Modelleisenbahnkosmos geschuldet ist.

Mit dem Gedankenspiel „Die spielen *bloß* Karten- oder Fußballspiel“ als Kommentar zu Erwachsenentätigkeiten kann ich nichts anfangen. Es scheint mir an den Haaren herbeigezogen und für die Möglichkeiten des Spiels im Spiel kein treffendes Beispiel zu sein. Ist es realistisch, sich Situationen vorzustellen, in denen Erwachsene solche Handlungen simulieren? Dahingegen kommt es durchaus vor, dass Kinder beispielsweise im Rollenspiel spielen, dass sie Fußball oder Karten spielen, was von Erwachsenen durchaus mit „Die spielen das nur“ im Sinne von „Die tun nur so, als würden sie X spielen.“ kommentiert werden könnte. Solche simulierten Spiele unterscheiden sich in der Regel von „echten“ Spielen, so wie Geschwister, die Geschwister spielen, keineswegs ihre üblichen Verhaltensweisen reproduzieren.

M. E. gibt es für den Kindlichkeitsverdacht des Modelleisenbahnspielens einen einfachen Grund: Die Objekte, mit denen umgegangen

3 Johan Huizinga (2022) (niederl. Original 1938): Homo Ludens. Vom Ursprung der Kultur im Spiel. Reinbek: Rowohlt.

4 Friedrich Schiller: Über die ästhetische Erziehung des Menschen, 15. Brief.

wird, sind *Spielzeug*, als kleine Nachbildungen real nützlicher Objekte, s. das oben erwähnte Kaufmannsladenspiel oder auch das Spiel mit Puppen oder Plüschtieren, die für Lebewesen stehen. Auch werden Eisenbahnen und Zubehör Kindern (meist Jungen) geschenkt, was die Einschätzung unterstützt, dass es sich um eine Verlängerung der Kindheit handelt, wenn Erwachsene sich diesem Tun hingeben. Wie Du selbst feststellst, unterscheidet sich der spielerische Umgang mit Eisenbahnen bei Kindern und Erwachsenen – von außen betrachtet – nicht voneinander. Es wäre auch kurios, es mit der Bemerkung „Der spielt bloß“ zu kommentieren, weil es offensichtlich Spiel *ist*.

Also was ist das Problem? Warum sollte eigentlich zwischen Eisenbahnspielen von Erwachsenen und Kindern differenziert werden? Nur weil man sich als Erwachsener nicht ernst genommen fühlt und als „großer Junge“ bezeichnet wird? Man könnte die Angelegenheit auch ins Positive drehen: Trotz allen bedeutungsvollen erwachsenen Handelns hat Mann sich ein wenig Ursprünglichkeit und kindliche Begeisterungsfähigkeit erhalten. So würdigt es erfolgreiche und „wichtige“ Männer ja keineswegs herab, wenn sie sich als Modelleisenbahnfan outen (s. bekannte Politiker).

Da bin ich nicht so sicher: Wenn JournalistInnen erzählten, dass der damalige Minister Seehofer sich gern mit seiner Modelleisenbahnanlage zeigte, so machten sie sich (nach meiner Empfindung) ein bisschen über ihn lustig. Wenn hingegen früher in den Medien erwähnt wurde, dass der damalige Bundeskanzler Adenauer regelmäßig in seinem Urlaubsort Boccia spielte, so wurde das als gepflegte Freizeitbeschäftigung und keineswegs als regressive Spielerei erzählt.

Aber deinen Vorschlag, den Typus des Spielzeugs – kleine Nachbildungen real nützlicher Objekte – als ausschlaggebend für die Konnotation *kindisch* (o. Ä.) anzusehen, finde ich gut. Mir fällt dazu eine mögliche Parallele ein: der Umgang mit Zinnsoldaten in früheren Jahrzehnten. Das war ja ein beliebtes Kinderspiel, und es konnte sich selbstverständlich zu komplizierteren Strategie*spielen* von Möchtegern- oder auch wirklichen Militärs entwickeln (die bei letzteren allerdings keine bloße Spielerei mehr waren). Dass der Modelleisenbahnbegeisterung das Etikett *kindisch* bleibend anhaftet, könnte daran liegen, dass eine Modellbahnanlage – im Gegensatz zu Schlachtfeld-Strategiespielen – gerade *nicht* als Vorbild für realistische Planungen taugen kann, weil sich aus schlicht topologischen Gründen der Betrieb eines Eisenbahn*netzes* (im Gegensatz zu einem militärischen Gefecht) in den begrenzten Räumlichkeiten von Miniatureisenbahnanlagen niemals simulieren lässt. Der kindische Eindruck könnte zudem auch mit der offenkundigen Freude von Modelleisenbahnfans an möglichst vielen puppenhaften Details einer „Landschafts"-Gestaltung zu tun haben, die die anspruchsvolle konzeptionelle Arbeit an einer funktionstüchtigen Anlage für Außenstehende überdecken.

Sich „ein wenig Ursprünglichkeit und kindliche Begeisterungsfähigkeit" bewahren: das mag auf Modelleisenbahner zwar zutreffen. Aber man kann ihr Spielen eben nicht als solches würdigen, wenn man sie als „große Jungs" erlebt, die bloß Miniaturzüge durch meist recht kitschige Miniaturlandschaften fahren lassen.

Zu Seehofer: Ich habe die Berichte über seine Modelleisenbahnleidenschaft anders empfunden, nämlich so, dass damit dem (durchaus umstrittenen) Politiker ein menschlich-sympathischer Zug abzugewinnen sei. Das wird m. E. auch dadurch gestützt, dass es angeblich als Ehre galt, wenn man in den Spielkeller eingeladen wurde. Angela Merkel durfte vermutlich nicht nur deswegen nicht mitspielen, weil sie ein Mädchen ist. Aber: deine Empfindung, meine Empfindung – beide sind zu akzeptieren; es ist müßig, zu diskutieren, welche zutreffend, welche falsch sei.

Da kommen wir jedoch zu einem zentralen Punkt unseres Gesprächs, auf das ich mich ja zunächst nur zögerlich eingelassen habe, weil ich nicht erkennen konnte, wo eigentlich das Problem liegt. (Trotzdem habe ich mich jeweils gern und engagiert auf unsere face-to-face Diskussionen eingelassen.) Du *empfindest* es als *kränkend*, wenn im Zusammenhang des Modelleisenbahnspielens von „großen Jungs" gesprochen wird. So verwendest du jetzt das Adjektiv „kindisch" statt wie anfangs „kindlich". Während „kindlich" wertneutral „nach Art eines Kindes" bedeutet, enthält „kindisch" eine abwertende Komponente, etwa „unangemessen kindlich". Zwar kann auch kindliches Verhalten je nach Kontext als unangemessen, regressiv verstanden werden, aber dann ist der Kontext entscheidend, nicht der Bedeutungskern des Wortes. Warum wirkt die Kindlichkeits-Zuschreibung des Modelleisenbahnspiels kränkend? Könnte das damit zusammenhängen, dass der Mann als solcher gern wichtig ist? Die Feministin als solche kann da nur achselzuckend kommentieren: „Na und?“.

Also halten wir als Ergebnis fest? Das Spielen mit Modelleisenbahnen erscheint von außen betrachtet als kindlich, weil mit Spielzeugobjekten gehandelt wird. Der Rest ist Ansichtssache.

Autorinnen und Autoren

Helga Andresen, Professorin i. R. für Sprachwissenschaft und Sprachdidaktik an der Uni Flensburg, lehrte und forschte schwerpunktmäßig zu den Themen Spracherwerb, Schriftspracherwerb, Sprachbewusstheit und (Sprach-)Spiel. Die Begeisterung Erwachsener für die Modelleisenbahnen hat sie von jeher mit Erstaunen zur Kenntnis genommen

Stefan Fränzle, geb. 1961 in Bonn; Prof. für Umweltwissenschaften mit chemischem Schwerpunkt an der TU Dresden. Seit Kindertagen Interesse für die Geschichte von Technologien einschließlich Antriebssystemen/Motoren und Fahr-/Flugzeugen. Ich sehe das Spiel mit Technologien nicht nur als prototypischen Vorlauf für den Personentransport u. ä. oder reinen Zeitvertreib, sondern als kulturelle, intellektuelle Herausforderung und im Vergleich stehend (auch höhere Tiere spielen unter Werkzeuggebrauch). Zurzeit Entwicklung von Motoren inspiriert durch kulturhistorische Hintergründe. Wohnhaft in Zittau/Sachsen, verwitwet seit August 2024, zwei erwachsene Kinder. Fahre gerne Eisenbahn.

Franz Januschek lehrte und forschte als Sprachwissenschaftler u. a. an den Universitäten Oldenburg und Flensburg mit Arbeitsschwerpunkten in Sprachtheorie, Sprachbewusstheit/Sprachspiel und politischen Diskursen. Letzte Buch-Veröffentlichung: „Über SpracheSpielen. Einübung in die Kunst des Erwägens von Alternativen“ (2018) – Verständigung ermöglichen auf sicheren Wegen: Eisen-Bahnen.

Melina Manthey hat kürzlich ihr Lehramtsstudium für Germanistik, Geschichte und katholische Theologie an der Europa-Universität Flensburg beendet. Ihre Interessen liegen in kulturgeschichtlichen Fragestellungen, weswegen dieser Beitrag die Eisenbahn als zentrales Symbol moderner Erfahrung untersucht.

Markus Pohlmeyer, Dichter, Essayist, Altphilologe und Theologieprofessor, lehrt an der Europa-Universität Flensburg und wundert sich, dass der Zusammenhang zwischen Theologie, Science Fiction, Modellbau und Modelleisenbahnertum oft nicht erkannt oder gar verdrängt wird.

Christian Stolz (Jahrgang 1977) ist habilitierter Geograph, Geomorphologe und Geoarchäologe. Er studierte Geographie, Botanik und Publizistik an der Johannes Gutenberg-Universität in Mainz und ist apl. Professor und Akademischer Rat an der Europa-Universität Flensburg. Er war wissenschaftlicher Mitarbeiter und Privatdozent in Mainz und lehrte außerdem an den Universitäten in Rostock, Vechta, Lublin (Polen) und Kosice (Slowakei). Seit 2015 ist er Sprecher des Deutschen Arbeitskreises für Geoarchäologie und Autor von über 100 Veröffentlichungen und mehrerer Lehrbücher. Seit seiner Jugend ist er eisenbahnbegeistert.

Dank

Wir danken dem Aisthesis Verlag und besonders Herrn Hanns-Martin Rüter für die unkomplizierte und elegante Lektorats-Zusammenarbeit. Dankbar sind wir außerdem dem Erzbistum Hamburg für einen Druckkostenzuschuss auch zu diesem Band der Reihe.

Bisher in der Reihe
»Flensburger Studien. Sprache · Literatur · Religion«
erschienen:

Franz Januschek / Markus Pohlmeyer (Hgg.)
Modelleisenbahn
Das Transzendenz-Spiel
Flensburger Studien. Sprache · Literatur · Religion Band 38
2026, 111 Seiten, kartoniert, € 20,-
Print ISBN 978-3-8498-2144-9, E-Book ISBN 978-3-8498-2145-6

Jan Jake / Markus Pohlmeyer (Hgg.)
Heldenreise
The Hero's Journey
Aus der Urzeit ins digitale Jenseits
From prehistoric times to the digital afterlife
Flensburger Studien. Sprache · Literatur · Religion Band 37
2026, 143 Seiten, kartoniert, € 26,-
Print ISBN 978-3-8498-2138-8, E-Book ISBN 978-3-8498-2139-5

Beate Fränzle / Stefan Fränzle
Fabeln der Antike
Ein Lesebuch für inklusive Bildung und Teilhabe
Flensburger Studien. Sprache · Literatur · Religion Band 36
2025, 207 Seiten, kartoniert, € 26,-
Print ISBN 978-3-8498-2096-1, E-Book ISBN 978-3-8498-2097-8

Volkert F. Faltings / Elin Fredsted (Hgg.)
Sprachenvielfalt, Sprachkontakt und Sprachwandel in Schleswig
Flensburger Studien. Sprache · Literatur · Religion Band 35
Nordfriesische Quellen und Studien Band 20
2025, 338 Seiten, kartoniert, € 38,-
Print ISBN 978-3-8498-2094-7, E-Book ISBN 978-3-8498-2095-4

Markus Pohlmeyer / Katrin Stamm (Hgg.)
Sāvitrī
Kammeroper von Gustav Holst: ein Schlüsselwerk der Moderne
Musikalische, theologische und indologische Zugänge
Chamber Opera by Gustav Holst: A Key Work of Modernism
Musical, Theological, and Indological Perspectives
Flensburger Studien. Sprache · Literatur · Religion Band 34
2025, 148 Seiten, kartoniert, € 26,-
Print ISBN 978-3-8498-2067-1, E-Book ISBN 978-3-8498-2068-8

Florian Bruckmann / Markus Pohlmeyer (Hgg.)
Geschichtenphilosophie von Wilhelm Schapp und ihre Rezeption
Flensburger Studien. Sprache · Literatur · Religion Band 33
2025, 165 Seiten, kartoniert, € 26,-
Print ISBN 978-3-8498-1997-2, E-Book ISBN 978-3-8498-1998-9

Florian Bruckmann
Tod – Ende und Anfang
Zugänge und Perspektiven zu Himmel, Hölle und Fegefeuer
Flensburger Studien. Sprache · Literatur · Religion Band 32
2024, 199 Seiten, kartoniert, € 26,-
ISBN 978-3-8498-1987-3, E-Book ISBN 978-3-8498-1988-0

Elin Fredsted / Markus Pohlmeyer (Hgg.)
Menschliches und Göttliches
Kulturwissenschaftliche Zugänge zu religiösen Phänomenen
Flensburger Studien. Sprache · Literatur · Religion Band 31
2024, 190 Seiten, kartoniert, € 26,-
Print ISBN 978-3-8498-1961-3, E-Book ISBN 978-3-8498-1962-0